宇宙大冒险

给孩子的天文学入门书

太空熊猫君 ○ 著

人民邮电出版社

北京

图书在版编目（CIP）数据

宇宙大冒险：给孩子的天文学入门书 / 太空熊猫君
著. -- 北京：人民邮电出版社，2024.3
ISBN 978-7-115-63396-5

Ⅰ. ①宇… Ⅱ. ①太… Ⅲ. ①天文学－青少年读物
Ⅳ. ①P1-49

中国国家版本馆CIP数据核字(2023)第251677号

◆ 著　　太空熊猫君
责任编辑　赵　轩
责任印制　胡　南

◆ 人民邮电出版社出版发行　　北京市丰台区成寿寺路11号
邮编　100164　电子邮件　315@ptpress.com.cn
网址　https://www.ptpress.com.cn
北京宝隆世纪印刷有限公司印刷

◆ 开本：787×1092　1/16
印张：11.5　　　　　　2024年3月第1版
字数：250千字　　　　2024年3月北京第1次印刷

定价：69.80元

读者服务热线：(010)84084456-6009　印装质量热线：(010)81055316
反盗版热线：(010)81055315
广告经营许可证：京东市监广登字20170147号

经常有人问我，为什么会喜欢天文。我答不出来。就像有人喜欢音乐、有人喜欢登山，而我喜欢的就是仰望这片星空。

这颗不知道来自什么地方的种子，早早地就在我心里扎下了根。家人和同学中并没有人对天文学感兴趣。只记得小时候家里有一套《十万个为什么》，其中的"天文卷"没多久就被刚识字的我翻烂了。父母显然关注到了我这个与众不同的喜好，也很支持。那时候能获取信息的途径有限，但是遇到天文方面的科普书，他们还是会买给我。小学二年级的时候，父亲在报纸上看到销售天文望远镜的广告，和母亲商议了一下，就买了回来。那是一款120口径的牛顿反射式望远镜，现在依然躺在我家的壁橱里。透过这台望远镜，我看到了月球上的环形山、飞越太阳表面的金星（2004年金星凌日）和火星南北两侧的极冠（2003年火星大冲）。一个广阔世界的大门打开了。

后来我参加天文奥赛，报名北京的天文夏令营，组织大学的天文社团，毕业开始从事科普工作，再到和同学朋友去看流星雨、去追彗星、去追日食，天文成为我生活的一部分。

2021年，踩着短视频风口的尾巴，我开始做天文科普短视频。这段经历让我对于天文科普有了新的体会：作为一种科普形式，短视频在传播方面确实具有很大的优势。同时，这种形式又注定要把内容碎片化，对于目标群体的系统学习和知识体系建构裨益不大。短视频对热点话题的响应速度很快，也可以快速了解到观众的想法、疑问和误区，进而提供讨论、解答和纠正的场景，这又是图书、电视节目这些传统科普形式很难实现的。

此外，我也发现，大家对自身安全相关的事件和视觉奇观总会保持高度的关注，例如"小行星即将撞地球"新闻，或者是"蓝月亮"谣言，或者是流星雨爆发的预告，经常会出现在各个平台的热搜榜前列。但是由于短视频能够提供的信息有限、很多媒体自身也缺乏相关专业知识，使得公众对很多信息难辨真伪，甚至产生恐慌和对科学的不信任。短视频的弊端也可见一斑。

我对天文学史也有浓厚的兴趣，因为它里面充满了人类智慧的闪光。同时我也时刻提醒自己，科学的历史从来不是科技成果的清单。人类世界是个有机的整体，没有一个学科可以不依赖于其他学科或者技术而独立发展，我尽可能地为大家介绍了历史上在天文学领域做出突出贡献的人物。遗憾的是，囿于本书的形式，这些人物也只能以概要的形式出现。大家可以翻阅其他书籍或者上网检索了解他们更多的故事。

事实上，很多现代人并不熟知的现象和原理，对于坚持夜观天象的古人来说反而了如指掌。诸如一年之中太阳高度是如何变化的、月相是如何产生的、水星逆行又是什么，正是对这些现象的观察与思考，才推动了天文学乃至人类科技的进步。

因此，我打算写一本书。它既要呼应历史中人类认识天空、探索宇宙的实践路线，也要符合一本教科书的内容逻辑，覆盖基本的天文学概念，能够让读者建构起一个学科的大致框架，还要尽可能灵活生动，阅读起来不会觉得枯燥乏味。这是我的目标。

这本书算是我的第一次尝试。感谢出版过程中范鹏宇老师和赵轩老师的支持，也非常感谢插画师团队百狸舍提供插图。能力有限，自不待言，若有纰漏，敬请斧正。

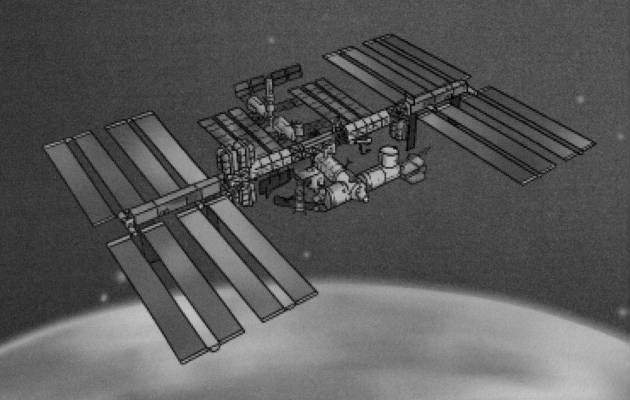

目录

嗨！42号考察员。欢迎来到"新手村"，先别急着前进，我先来告诉你天文学是什么。

第 1 章

宇宙的刻度

1.1 你准备好了吗？

如果说，有一门学科，在人类文明诞生时就已经出现，并且不断有新的发现，而目前人类对它依然知之甚少，那它一定是天文学。天文学（Astronomy）是研究宇宙中的天体、宇宙的结构和宇宙的发展的学科。在古代，人类怀着强烈的好奇心仰望灿烂的星空，璀璨的群星、弯弯的月亮、飞驰的流星、奇妙的彗星，使人类产生了无限的遐思，产生了探索宇宙的欲望！

从人类第一次对宇宙进行观察和思考开始，天文学便诞生了！古代的天文学家通过观测太阳、月球和其他一些天体的运行规律，确定了时间、方向和历法。埃及的金字塔、欧洲的巨石阵都被认为是史前天文遗址，如果从人类观测天体、记录天象算起，天文学的历史至少有五六千年。从伽利略举起他自制的望远镜望向天空起，天文学就进入了崭新的时代。

随着科学技术的发展，天文学的研究对象从我们所在的太阳系发展到了整个宇宙。现在，按照研究方法，天文学可分为天体测量学、天体力学和天体物理学 3 大分支学科。而按观测手段，天文学分成光学天文学、射电天文学和空间天文学 3 个分支学科。人类的观测范围从肉眼可见的太阳、月球、天空中的一些恒星延伸到距地球 100 亿光年甚至更远的距离。

本书共 10 章, 每章有多节。尽管现在在第 1 章, 但也要集中注意力哦, 因为后面的章节之中会涉及第 1 章介绍的很多科学知识, 例如天文学规范中的长度和时间、质量、温度、角度等基础概念, 以及万有引力、光速不变原理等基础知识。如果你没能熟悉这些, 面对后续的内容时可能就会一头雾水。

旅程要开始了哦!

1.2 爱因斯坦的尺子：长度单位

如果要测量长度或者距离，你会想到用什么工具？

对，是尺子。你的尺子最大的刻度是多少？熊猫君手上有一把最大刻度是 15 厘米的尺子，可以用来测量长度在 15 厘米及以下的物体。如果要测量更长的物体，例如你自己的身高，这把尺子显然不够用。不过我还有一把卷尺，它的最大测量范围是 3 米，可以用来测量你的身高了。这里的厘米（cm）和米（m），都是我们熟悉的长度单位，选择合适的长度单位可以大大简化测量工作。

再长一点，例如你的学校与你家的距离，用米作为长度单位来测量显然不合适，我们需要一个更大的长度单位：千米（km）。千米也叫公里，1 公里就是 1 千米。北京到上海的距离有 1000 多千米，而地球的周长大约有 **40000 千米**。40000 千米和 40000000 米是一样的，不过 40000 可比 40000000 小多了，计算起来更加方便。

太阳与八大行星

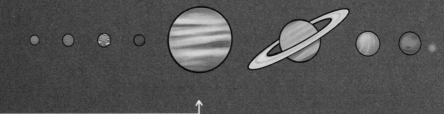

如果再长一点呢？例如，木星到太阳的平均距离，如果还用千米作为长度单位来测量，那可是有约 778330000 千米呢！这么大的数字，显然计算起来也很麻烦。天文学中有没有专门的长度单位，用来测量行星之间的距离呢？还真有，天文学家规定了一个长度，它就像是宇宙中的一把"尺子"，用来测量太阳系内天体之间的距离。这把尺子的单位刻度规定为地球到太阳的平均距离，大约是 149597870 千米，叫作 **1 个天文单位（A.U.）**。

这样，木星到太阳的平均距离，大约是地球到太阳的平均距离的 5.2 倍，我们可以写成 5.2 天文单位。现在，1 天文单位的长度有了严格的定义，就是 149597870700 米。

如果还要测量更长的距离，我们可以使用"光年"（ly），这个单位你可能很熟悉，它就是光在一年之中走过的距离。光年是长度单位，不要被那些说光年是时间单位的人误导。为什么光年可以作为长度单位呢？核心的原理是"光速不变"。你有没有想过，光的传播也是需要时间的。夜晚，我们打开灯，灯光会立刻照亮房间。这个过程仿佛是瞬间完成的，我们没有看到光是如何传播的。

以前，人们认为光传播是不需要时间的，直到公元 1676 年，丹麦天文学家奥勒·罗默发现并提出，光速是有限的。后来的科学家不断尝试测量光速，科学家麦克斯韦甚至计算出了光速，发现光速是一个固定不变的数值。

现在我们用光速来定义"米"的长度，科学家公认真空中的光速为 299792458 米/秒。而 1 光年是 9460730472580800 米，差不多是 63241 个天文单位。

$$光速 = 299792458 米 / 秒$$
$$1 光年 = 9460730472580800 米$$
$$\approx 63241 天文单位$$

除了天文单位和光年，天文学中常用的长度单位还有"秒差距"，不过它的定义稍微复杂一些，在后面不会提到，你可以自己学习。

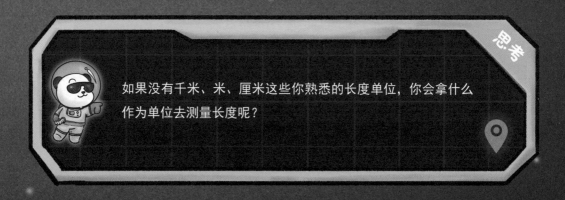

如果没有千米、米、厘米这些你熟悉的长度单位，你会拿什么作为单位去测量长度呢？

1.3
宇宙时钟：时间单位

现在是几月几号的几点钟？

很好，你对时间单位已经非常了解了。常用的时间单位有：**年、月、日**和**时、分、秒**。

地球自转一圈，太阳看起来就好像绕着地球转了一圈。太阳升起来的时候就是白天，当它落下去，就迎来了黑夜，白天和黑夜加起来，就是一天。那么如何测量一天的具体"长度"呢？我们需要为太阳"画"一条"起跑线"，来计算太阳"跑"一圈的时间。这条起跑线不是随随便便"画"出来的，古人很早就已经发现，不同季节中太阳升起、落下的时间和位置都是不一样的，所以日出和日落没有办法作为这条起跑线。而在夜晚我们看不到太阳，把夜晚作为起跑线显然也不合适。最后古人决定把正午（每天太阳在南方、位置最高的时候）定为起跑线，来测量太阳跑一圈的时间，也就是一天。

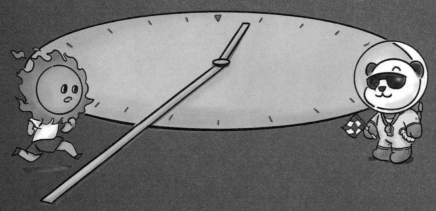

事实上，由于地球的公转速度是会变化的，而且地球的自转速度也会变化，所以每一次太阳经过正南方的时间是不一样的。也就是说，一天的长度并不是一个固定的数值，这就很麻烦。为了方便计算，古代的天文学家计算了这个长度的平均值，也就是一天的长度。

一天的长度有了，确定时、分、秒就很容易了。你有没有想过，为什么一天正好是 24 小时，而不是 23 小时或者 25 小时呢？因为这是人为规定的，24 这个数可以被 2、3、4、6、8 等数整除，比较方便计算。所以，最早的一个小时的长度，就是一天的二十四分之一。我们再把 1 小时分成 60 份，每一份就是 1 分钟，将 1 分钟分成 60 份，每一份就是 1 秒。

虽然对于人类出现的几百万年来说，一天的长度没有发生太大的变化，但是对于 40 多亿岁的地球来说，一天的长度是逐渐变长的。根据天文学家的推算，地球在诞生的初期，自转一圈只需要 10 小时，也就是说，那个时候的一天只有 10 个小时。

我们现在可以通过时钟来知道时间，而时钟的原理是由伟大的天文学家和物理学家伽利略发现的。他生活在 17 世纪的意大利，相传，他通过观察发现了单摆这种装置具有等时性，也就是说，用一根绳子挂起一个重物，让它沿一个方向摆动起来，如果没有摩擦损耗，它摆动一次的时间是固定不变的。

我们现在使用的历法叫作公历，平年有 365 天，公历设置有闰年，闰年有 366 天。你可能记得我们背过的闰年口诀：

四年闰、百年不闰、四百年又闰。

设置多了一天的闰年，是为了让一年的长度更符合四季变化的周期。古人在很早的时候发现了一年四季的变化规律，并且通过测量中午的太阳高度，计算出了一年的平均长度大约为 365.2422 天，比 365 天多一点。通过设置闰年，就可以把多余的部分补回来。公历平均一年的长度是 365.2425 天，一年只差万分之三天，也就是要 3000 多年才会出现 1 天的误差，已经非常精准了。

而公历的月份，并不像我国的农历那样严格按照月相来制定，农历和月相方面的知识我们后面会讲。公历的月份制定遵循历史传统和文化习惯，所以 12 个月份的长度，长则 31 天，短则 28 天，并没有规律。

思考

在没有时钟的时候，人们制作出一种叫作"水钟"的器具来计量时间，它要么逐渐把装满水的容器中的水滴完，要么用水逐渐把空容器滴满，在容器上写上刻度以表示时间。水钟是如何确保时间准确的呢？

1.4
时间编码器：历法

现在地球上使用得最广泛的历法之一就是公历。

无论在哪一年，北半球的元旦一定是在冬天，而盛夏季节都在 7 月和 8 月。历法，简单来说，就是为了满足我们生活、工作、学习的需要而建立的时间系统。常见的历法都有日、月、年几个概念，只是月和年的定义可能不同。

即便你之前对历法的了解很少，你也一定知道昼夜变化和时间的关系。一般来说，早晨 5 点到 7 点是太阳升起的时间，人们一般也会在这段时间起床；中午 12 点，太阳升到最高，仿佛整个世界都变得最明亮；下午太阳会逐渐西斜，傍晚的 5 点到 7 点是太阳下山的时间；到了晚上 9 点、10 点，天空几乎已经完全黑暗，我们也要准备休息了。我们把一天的开始时间——0 点定在午夜，为什么呢？首先，日出和日落的时间是不固定的，定为一天的起点很不方便。如果把中午 12 点定为一天的起点，就会出现我们吃着午饭就忽然来到下一天的情况，这样也很不方便。既然如此，人们就干脆规定午夜时分作为一天的开始。

这吃的是午饭还是晚饭？

古人很早就发现了昼夜变化，并根据它确定一天。可是，相比于人的一生，一天的时间太短了。通常，人一生要经历接近 3 万天，如果要你记住这 3 万天中哪一天发生了什么，显然不可能。所以人类需要共同的计日规则，这样互相之间就很容易确定日期了。如果我们只用过了多少天来衡量日期会怎么样？举个例子，大文豪苏轼出生于 1037 年 1 月 8 日，距离今天已经过去了 360000 多天，这么大的数可不好记，所以我们发明了比日更长的单位——月和年等，让日期变得更好记。

世界上有很多历法，那么存在没有月和年、只有日的历法吗？还真存在，它就是天文学家在用的儒略历。儒略历把公元前 4721 年 1 月 1 日中午 12 点定为第一天的开始，从此只计算日数，没有月和年，这样算下来，公元 2000 年 1 月 1 日中午 12 点之后是儒略历2451545 日。

公历 2000 年 1 月 1 日 12:00（世界时）= 儒略历 2451545 日 0 时

我们现在常用的公历，也叫格里高利历，它是源自古罗马时期的历法。古罗马有一位影响力特别大的政治家、军事家，他就是罗马帝国的奠基人——儒略·凯撒。他当时发现历法混乱，于是找来天文学家们改进历法，这就形成了公历的雏形。

当时的公历规定一年为 12 个月，1、3、5 月等奇数月是大月，有 31 天，2、4、6 月等偶数月是小月，有 30 天，但这样一年就有 366 天，多了一天怎么办？有一个传闻，当时的 2 月被视为不吉利的月份，所以把 2 月的 30 天减去一天，只剩下 29 天，再通过每 4 年在 2 月底增加一个闰日，保证一年的长度符合太阳的运行规律。还有另一个传闻，凯撒死后，他的继任者奥古斯都有一天忽然发现，凯撒出生的 7 月是大月，而自己出生的 8 月是小月，这使他非常生气，于是下令要求把 8 月和后面的 10 月、12 月都改成大月。这样算下来，一年之中就又多了一天，于是又把 2 月减去了一天，所以现在平年的 2 月就只有 28 天了。当然，这只是一个传说，并不是史实。

儒略历和我们现在使用的公历不完全一样。公历的目的是使一年的长度符合太阳的运行规律，地球绕太阳运行一周的时间，也就是四季变化一次的时间，是 **365.2422 天**。而当时的儒略历，每 4 年增加一天，平均下来一年的长度是 365.25 天，一年就会有 0.0078 天的误差。这个误差看起来很小，但是日积月累，到了公元 16 世纪的时候，竟然已经有 10 天的误差，也就是说冬至这一天要比日历上写着的日子提前 10 天。

这个问题引起了天文学家的重视，在当时的格里高利十三世的推动下，天文学家决定在 1582 年 10 月 4 日后面直接去掉 10 天，以及更改闰日的规则，也就是如果年份的数值可以被 4 整除，那么对应年是闰年，2 月增加一天，但是如果年份的数值是 100 的倍数而不是 400 的倍数，那么对应年是平年，不增加闰日。例如，1600 年和 2000 年都是闰年，但是 1700 年、1800 年和 1900 年都不是闰年。这样算下来，一年的平均时长是 365.2425 天，和 365.2422 非常接近了，3000 年才会出现 1 天的误差。因此这套规则沿用至今。

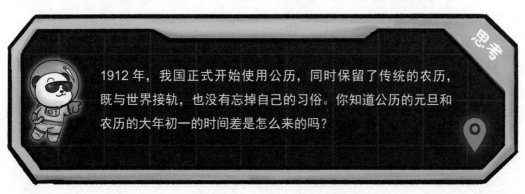

1912 年，我国正式开始使用公历，同时保留了传统的农历，既与世界接轨，也没有忘掉自己的习俗。你知道公历的元旦和农历的大年初一的时间差是怎么来的吗？

1.5 光速不变

还记得我们前面提到的光速吗？

在古代，科学家都认为光是无穷快的。例如你对着天空打开手电筒，手电筒的灯光将会瞬间穿过宇宙，照在无穷远的星球上。但是，也有科学家对光无穷快的观点提出了质疑，其中就有我们的老朋友——伽利略。为了测量光速，伽利略设计了一个实验，他让助手站在离他非常远的地方，两个人通过带挡板的灯笼来测量光速。伽利略的实验结果估计你已经猜到了，由于光速实在是太快了，伽利略根本无法测出光速的具体数值。

唯快不破

这个问题直到 1676 年才得到进一步的解决。这一年，丹麦天文学家奥勒·罗默在观察木星的时候发现，当木星的卫星木卫一进入木星的阴影中时，它会突然消失，离开木星的阴影后又会突然出现。开始的时候，罗默只是想准确地确定木卫一的运转周期，然而随着观察和计算，他发现木卫一消失和出现的时间会随木星到地球的距离变化而变化。这个现象让罗默意识到，时间的变化很可能是由光到达木星的时间与光到达地球的时间不同导致的。后来，他计算出光速的值是 210000 千光 / 秒左右。

这个数值虽然与真实的光速相差不少，但依然是人类对光速探索的巨大进展。后来，科学家菲索通过专门设计的齿轮来测量光速，得到了 31.5 万千米 / 秒的数值。科学家莱昂·傅科改进了菲索的装置，通过多次试验测得的光速平均值为 29.8 万千米 / 秒。他还将装置放入水中，测得了光在水中的传播速度。1882 年，科学家迈克耳孙也测得了光速，结果和真实的光速已经非常接近了。

光速不变

光速不变并不是说光速是一个固定的值。我们都知道，当我们说物体的速度的时候，总是要提前说明参照物。一列在轨道上飞驰的高速列车，如果相对于坐在高速列车上的你来说，它的速度就是 0。一开始，人们假设在宇宙之中存在一个参照物，光只是相对于它来说速度不变。19 世纪末，科学家迈克耳孙和莫雷做了一个著名的实验，证明光速就是光速，光不用使用特定的参照物。或者说，无论相对于什么，它的速度永远都是 **299792458 米 / 秒**。

有趣的是，科学家麦克斯韦通过在电磁领域的研究和计算，列出了一个方程组，还预言了一种电磁波，它的速度是一个定值。后来人们发现，光就是麦克斯韦预言的电磁波，而光速居然可以用这个方程组推导出来。速度有参照物，可是方程组怎么会有参照物？人们逐渐发现了光速不变的秘密。爱因斯坦从"光速不变"这一点推导出了狭义相对论，得出了如运动物体的长度会缩短、运动中的时钟走得更慢、质能方程 $E=mc^2$ 等令人震惊的结论，并且得出光速是具有质量的物体的速度上限这一结论。目前，狭义相对论的很多结论都得到了实验的证实，爱因斯坦让人类对世界的认识提升了一大截。

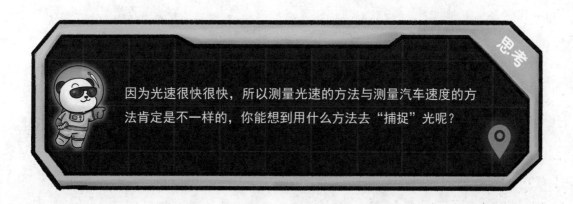

因为光速很快很快，所以测量光速的方法与测量汽车速度的方法肯定是不一样的，你能想到用什么方法去"捕捉"光呢？

1.6
质量

质量是非常重要的物理量。

我们说的"质量"可不是洗衣机、电冰箱等的耐用性，而是物理学里非常基础且重要的概念。任何一个物体都具有质量，质量就像长度、颜色、形状一样，没有其他物体的影响就不会发生变化，它是物体本身具有的一种属性。在地球上，质量的最直接体现是"重量"，这个词你肯定不陌生。

地球上的任何物体都会受到地球引力的影响，而且物体质量越大，这个引力就越大，对我们来说物体就越重，所以我们可以通过重量来计算地球上的物体的质量。但是，假如我们飞到太空，能感受到的地球引力非常小，这个时候难道物体就没有质量了吗？前面说过，质量是物体本身具有的一种属性，不会因为物体所处的位置而发生变化。

科学家早早地就发现了质量的这个特点，所以我们不能将质量和重量等同。不能用重量来理解质量，那么可以用什么？我们可以用惯性来理解质量。惯性我们并不陌生，坐在快速行驶的汽车里，当汽车急刹车的时候，我们的身体会向前倾，这就是惯性导致的。我们的脚、腿和汽车接触，会由于汽车急刹车而快速地停止运动，而我们的身体会保持原来快速向前的运动，这就会导致我们身体前倾，这个现象就是惯性。

惯性让我起飞

艾萨克·牛顿，17世纪英国著名的物理学家、数学家，百科全书式的"全才"，他于1687年发表巨作《自然哲学的数学原理》，开辟了大科学时代。

太空之中虽然引力微弱，但是惯性依然存在。你还记得中国空间站"天宫课堂"里面的情景吧？一个物体甚至一个人被航天员推开后，一直保持原来的运动方向和速度运动下去，这就是惯性。

早在公元17世纪，大名鼎鼎的科学家牛顿就已经发现了惯性和质量的关系，你一定听说过牛顿的很多故事以及他的伟大发现。他在力学领域发现的3个定律成为经典力学的理论基础，被人们称作"牛顿三定律"。其中第一定律说的是任何一个物体，在没有受到外力影响的情况下，会保持静止或者匀速直线运动状态，这就是惯性。而且牛顿还发现了惯性和质量的直接关系，当时的科学家就已经发现，物体的质量越大，惯性就越大。

即便是在宇宙中，推动大质量的物体还是要比推动小质量的物体困难很多，这是因为我们要克服的惯性更大。我们平时使用的克（g）、千克（kg）、吨（t）这些单位，其实都是质量单位。质量代表物体里含有多少物质，所以是物体的属性之一。

思考

物体在月球上所受到的引力大概是地球上的六分之一，那么你觉得，在月球上拿一个老式的体重秤称量的话，得到的结果是和在地球上的一样，还是在地球上的六分之一呢？

1.7 物质结构

你觉得你是由什么构成的？

我们身边的绝大多数物体，其实都是由不同的物质构成的，例如它们通常含有塑料、金属、木材、纸张等材料。拿相对简单的金属来说，我们所使用的金属一般都是合金，也就是说它是由几种不同的金属构成的。我们平时喝的水，即便是非常干净的矿泉水，也不完全是由水构成的，里面有少量的矿物质。而空气是由**氮气、氧气、二氧化碳、水蒸气等**成分构成的。科学上，我们把由两种或者多种物质混合而成的物质叫作混合物，混合物没有固定的组成结构和性质，构成混合物的各种物质之间也不会发生任何化学反应。有混合物就有纯净物，纯净物的构成是单一且固定的，科学家通常用化学式来表示它。例如完全由铁元素构成的铁钉（Fe），通过蒸馏得到的纯水（H_2O），通过化学实验制取的氧气（O_2）、二氧化碳（CO_2）。

纯净物之所以拥有固定的物理性质和化学性质，是因为它们是由同一种分子构成的。水由水分子构成、氧气由氧分子构成，所以分子是保持物质化学性质的最小单元。我们知道正常气压下水会在 0℃时开始结冰，在 100℃时开始沸腾，把水分子再分割，水就无法保持这个性质了。后来，科学家发现，分子其实也是由不同的、更小的单元构成的，这种单元被称为原子。而且科学家还发现，原子的数量是有限的，并不像构成物质的分子那么多。打个比方，分子就像英文单词，我们都知道 apple 是苹果的意思，这个单词由一个字母 a、两个字母 p、一个字母 l 和一个字母 e 依次构成，增减字母或者调换顺序，形成的单词都不是苹果的意思了。英语中虽然有非常多的单词，但是所

我们不一样？

有的单词都是由 a 到 z 这 26 个字母构成的。字母就像是原子，它的种类是有限的，却可以组合出繁多的单词。

如果你有厚厚的汉语词典，在最后几页，你会看到一张"元素周期表"。不要小看这张表，里面可是蕴藏了整个物质世界的奥秘，它也是现代化学的基石。

最早发明元素周期表的人叫门捷列夫，他是一名俄国化学家，他为大自然中的"字母"排好了"座位"。1869 年，门捷列夫把当时人类已知的元素按照相对原子质量从小到大的顺序排列起来，又把化学性质相似的元素排成一列，就这样，世界上第一张元素周期表诞生了！

随着科学家对元素的了解不断深入，他们发现的元素越来越多，这张表也逐渐完善和丰富，并演变成了如今你所看到的样子。通过元素周期表，化学元素之间的联系和关系变得一清二楚，元素周期表成为化学史上非常重要的科学成果。

原子是非常小的，20000 个原子的直径的总和约等于一根头发的直径。即便原子这么小，我们现在还是已经了解到了原子的结构，它的内部有一个质量占比较大的原子核，外部则有一些电子围绕原子核旋转。虽然原子核的质量占整个原子的 99.9%，甚至更多，但是它的体积占比非常小，如果我们把原子放大为一个足球场，原子核也不过是足球场中的一粒绿豆。

20000 个原子的直径 ≈ 一根头发的直径

那么原子核还可以再分吗？答案是可以。现在我们知道原子核是由带正电的质子和不带电的中子构成的，而质子和中子甚至可以继续划分成夸克，这便是人类科学研究的最前沿了，能否发现更小的单元，可能就要靠未来的你了。

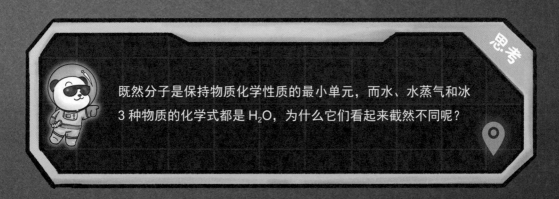

既然分子是保持物质化学性质的最小单元，而水、水蒸气和冰 3 种物质的化学式都是 H_2O，为什么它们看起来截然不同呢？

1.8
角度

我们的身边存在着各种角，如桌角、墙角、时钟指针形成的各种角，还有三角形、五角星这些图案上的角……

数学上的角是什么呢？和你熟悉的圆形、三角形、正方形一样，角也是一种几何图形。我们从一个点出发画出两条线，就会形成一个角，这个点叫作角的顶点，两条线叫作角的两条边。就像时钟上的两个指针，指针指向不同方向就可以组成不同的角。

当时针和分针都指向 12 点的时候，它们组成的是 0 度角，写成 0°。我们将时针固定住，让分针开始旋转，两个指针组成的角就会越来越大。当分针旋转一圈，重新和时针重合的时候，就形成了一个覆盖一整圈的角，数学家将这个覆盖一整圈的角规定为 **360°** 角。覆盖半圈，也就是时针和分针形成一条直线的时候，是 180° 角；当时针和分针垂直的时候，它们组成的是 90° 角，90° 角也叫作直角。数学家还把 1 度角分为 60 分（′），把 1 分分为 60 秒（″），就像等分 1 小时和 1 分钟那样。

钟表与角度似乎
有些关系……

时针和分针的夹角
是多少度？

为什么我们的太空探索要讲角度呢？因为角度的测量与计算在天文学上是非常重要的。日月星辰在天空中的位置和运动规律，我们都可以用角度来进行测量。

比如我国历史上大名鼎鼎的 **张衡**（最早发明地动仪的那位），也会进行天文测量。张衡是我国东汉时期的天文学家，当时的天文学家使用的工具很像量角器，将仪器指向不同的星星，就可以读出它们之间的角度。张衡的天文学理论，主要记录在他的著作《灵宪》中。

张衡对日月星辰进行了研究，他发现，如果用角度的方法测量太阳和月亮的角直径，它们都是周天的"七百三十六分之一"。也就是说，天空中太阳和月亮的角直径是 360° 的 1/736，我们算一下就很容易知道，这个数值大概是半度的大小（29'21"）。要知道，近代天文学所测量的太阳和月亮的平均角直径 31'59" 和 31'5"，这个数值已经非常接近近代的结论了。

思考

通过时钟我们很容易明白，角度的范围 0°~360°。那么你能想象 360° 以上的角，或者 0° 以下的负角吗？

温度，也就是物体的冷热程度。

我们可以很直观地了解到，刚出锅的米饭是热的、冰棒是冷的、沸腾的开水的温度是100℃、冰块的温度则在0℃以下，而人的体温大约为36.5℃。要知道，人类花费了很多年才完全了解温度的秘密。

刚刚熊猫君在说温度的时候，你有没有想过，"℃"这个符号代表什么？

"℃"读作摄氏度，我国现在用的温度标准是摄尔西乌斯提出的。摄尔西乌斯出生于公元1701年的瑞典，他在1741年提出了这一套温度标准，只不过摄尔西乌斯这个名字有点长，为了方便，我们就把他叫作摄氏，就像我国古人会被叫作张氏、李氏一样。当然啦，摄尔西乌斯并不姓摄，他可是个正儿八经的外国人。

我们把摄尔西乌斯提出的温度标准简称为**摄氏温标**（单位为℃），它明确规定了，在标准大气压下，我们把水加热到100℃的时候水才会开始沸腾，而水开始结冰的温度是0℃，并且摄尔西乌斯把0℃和100℃之间分成了100等份，1份就代表1℃。这就像我们规定哪里是尺子的0刻度，哪里是尺子的100刻度，然后我们可以用自己规定的尺子来测量长度一样。有了摄氏温标，我们就可以测量物体的温度了。当然，温度标准并不只有一种，像美国在用的华氏温标（单位为℉），是德国科学家华伦海特制定的。他把纯水开始结冰的温度定为32℉，把标准大气压下水开始沸腾的温度定为212℉，然后把它们之间分为180等份，每一份代表1℉。

$$0℃ = 32℉$$

$$100℃ = 212℉$$

温度的本质，是物体的分子热运动的剧烈程度。这些微小的颗粒其实在一刻不停地运动，简单来说，分子运动得越剧烈，物体的温度就越高，分子越接近静止，物体的温度就越低。那么，熊猫君想问你一个问题，这种分子运动的剧烈程度，往上说应该是没有上限的，即没有最剧烈，只有更剧烈，但是这种剧烈程度有没有下限呢？

答案是有下限的。这个下限就是分子不运动，老老实实地待在那里。这个时候物体的温度会是多少？当然非常低，而且是最低的温度，不会有比它更低的温度了。现在我们已经可以知道，这个最低的温度是 -273.15℃。在这个温度下，构成物质的所有分子都已经停止了运动，所以不可能存在更低的温度了。不过，真的让分子完全静止是不可能的，所以绝对零度只能无限接近，永远无法达到。

绝对零度 =-273.15℃

有了绝对零度，科学家就可以创立一个更纯粹的温度标准，这就是开尔文勋爵提出的绝对温标。它规定以绝对零度作为零点，写成 0K，而 1K=1℃，这样水结成冰的温度就是 273.15K，水沸腾的温度就是 373.15K。目前，绝对温标在科学尤其是天文学中使用得特别广泛，不过在我们的日常生活中，还是以使用摄氏温标为主。

每 1℃ 的温度变化，会给地球生态带来什么样的改变呢？

嗨！42 号考察员。现在，你已经掌握了考察太空的基本物理概念和方法，成长为一名天文新手了。在第 2 章，我们要正式开始认识我们所在的星球了。

第 2 章

地球档案

太阳每天升起的位置都一样吗？每天中午的太阳高度都一样吗？

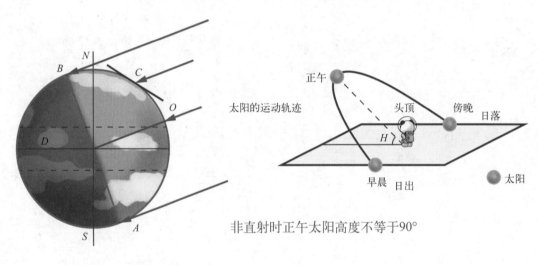

昼半球：大于 0°。　　正午太阳高度（角度）：
晨昏球：等于 0°。　　地方时为 12 时的太阳高度
夜半球：小于 0°。　　（一天中的最大值）

太阳的运动轨迹

非直射时正午太阳高度不等于90°

我国的古人在很早的时候就已经发现了这些规律，不同的古书里有着不同的记载。在神话传说里，羲和是上古时期的太阳女神与制定时历的女神，也是中国最早的天文学家和历法制定者。在《山海经·大荒南经》中有记载："有女子名曰羲和，方日浴于甘渊。羲和者，帝俊之妻，生十日。"就是说，羲和是太阳的母亲。而《尚书·尧典》中说："乃命羲和，钦若昊天，历象日月星辰，敬授民时。"即认为羲和其实是羲氏兄弟和和氏兄弟的合称，尧帝命令他们去东西南北不同的地方来观测天象，确定时间。不论是神话传说还是真实的历史，都说明在很早以前，我们的祖先就已经通过观察太阳的运行轨迹来计算时间、制定历法了。

人类最早认识到的天文现象，一定是每天日出日落带来的昼夜变化。难道日落之后的太阳被偷走了吗？当然不是，我们的地球时时刻刻都在绕着自己的轴旋转，这被称为自转。昼夜变化不过是地球自转带来的必然现象。

那么，太阳是从什么方向升起，又是从什么方向落下的呢？你一定会想，这个问题也太简单了吧。但是我敢打赌，你对太阳的运行规律依然了解得很少。不信我问你，太阳每天升起的位置都一样吗？每天中午的太阳高度都一样吗？

如果你仔细观察每一天太阳的运行，就会发现答案。原来，太阳并不是每天都从正东方向升起，也不会每天都从正西方向落下。就拿熊猫君所在的北半球中纬度地区来说，夏天的时候，太阳会从东偏北的方向升起，傍晚又在西偏北的方向落下；冬季则相反，日出日落都会在偏南的位置。

同样，对于生活在北半球中纬度地球的我们来说，太阳在中午时分运行到南方，达到了一天中最高的位置。但是太阳每天最高的位置也是不同的。冬天中午时候的太阳会比夏天中午的太阳低好多呢！

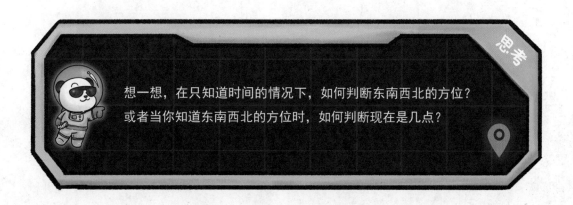

想一想，在只知道时间的情况下，如何判断东南西北的方位？
或者当你知道东南西北的方位时，如何判断现在是几点？

你肯定早就知道，地球其实是个球形的天体，也知道地球时时刻刻都在旋转。

但是人类对于这一点，可是花了很长的时间才了解的。我们在地球上学习、生活、劳作，可是你感觉到地球在转动了吗？感受不到的原因难道是地球转动得太慢了吗？

我们来看一下地球自转的速度，如果我们现在位于地球的"腰带"，即赤道上，那么相对于地球，你转动的速度达到了 1600 多千米 / 小时，一秒就会移动 463 米，这可比声速（约 340 米 / 秒）还要快。可是为什么我们感受不到呢？主要是因为惯性，我们会一直保持这样的速度移动，就像坐在疾驰的高铁上，也是很难感受到高铁在行驶的。

其实，历史上的许多天文学家不相信地球在转动，他们认为地球是静止不动的宇宙中心，直到 16 世纪，出现了一位非常了不起的天文学家，他叫**哥白尼**。哥白尼认为，太阳才是宇宙的中心，地球和其他行星都在围绕太阳旋转，而且地球在自转，是地球的自转形成了白天、黑夜的变化。哥白尼的观点很有价值！之后，很多科学家开始思考如何通过实验来证明地球确实在自转。

直到 19 世纪，这个难题终于解决了。

1851 年，法国物理学家莱昂·傅科在法国巴黎的一个叫先贤祠的地方安装了一个非常巨大的实验装置。这个装置把一根长达 67 米的钢索挂在建筑物的顶部，钢索的下面则挂着一个直径为 30 厘米的大摆锤，这个摆锤的底部还伸出了一根尖针。而在地面上，傅科放置了一个直径为 6 米的巨大沙盘，当摆锤划过的时候，摆锤上的尖针会在沙子上画出它的轨迹。随着傅科让摆锤摆动起来，神奇的现象出现了。按理说，摆锤的轨迹应该是一条线段，并且因为摆锤摆动的方向是固定的，沙盘上的线段也不会发生什么变化。

它能证明地球在自转

然而随着时间的推移，人们惊奇地发现，沙盘上摆锤的轨迹会沿顺时针方向发生偏转，它仿佛受到了一个力的作用，这个力在偷偷地改变摆锤的摆动方向。后来，人们把这个力叫作**地转偏向力**。其实，地球上的很多自然现象，例如季风、洋流，都是地转偏向力造成的。现在我们知道，人们所观察到的摆动是一种相对运动，真正在动的其实是我们脚下的地球，而地转偏向力的本质，就像导致我们在急转弯的车里会倾斜身体的力一样，并不是真实存在的力，而是一种惯性。傅科发明的这个巨大装置被后人称为**"傅科摆"**，用来纪念他的这个伟大试验。北京天文馆和上海天文馆里都有傅科摆，你可以去亲眼看看，感受地球的自转。

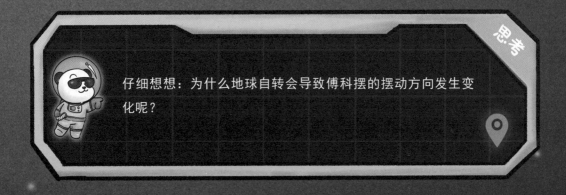

思考

仔细想想：为什么地球自转会导致傅科摆的摆动方向发生变化呢？

2.3 离心作用

你有没有想过为什么地球是球体而不是立方体、圆柱体或者其他形状呢?

这是因为地球存在引力。地球是一个固态星球,除了薄薄的大气层、地表少量的水和地表之下少量的液态岩浆之外,基本都是岩石和金属,但是固态星球的形状无法发生改变吗?显然不是,否则就不会发生地震和火山喷发了。

事实上,地球有着非常复杂的结构,而对大地结构影响最大的因素就是**万有引力**。因为地球的质量非常大,因此引力也非常大,它无时无刻吸引着地球上的一切事物。假如地球不是球体而是立方体,那它就会像魔方一样,有 8 个凸出来的角,这些角会受到向下拉扯的引力作用,直到把它拉平。这时整个地球变成一个球体,使它表面各处受到的引力大小都差不多,达到一个平稳的状态。

关于地球形状的认识，也经历了一个漫长的时期。

据记载，最早认为地球是球体的科学家是古希腊的毕达哥拉斯，而后来的科学家埃拉托斯特尼居然还计算出了地球的周长。他生活在公元前 3 世纪的古希腊，将天文学和测地学结合起来，提出通过测量太阳的影子来计算地球的周长。埃拉托斯特尼选择了分别位于正南方向和正北方向的城市——西恩纳和亚历山大利亚，在夏至那天观察太阳的位置。通过测量太阳的高度差距，再结合两地之间的距离，利用三角函数计算出了地球的周长。

埃拉托斯特尼测得的地球周长约为 39690 千米（我们现在知道，地球的周长大约是 40075 千米），与现代数据的误差小于 1%，可以说非常精确了。要知道，这可是在公元前测量出来的数据啊！

地球周长 ≈ 40075 千米

那么，地球是个标准的球体吗？严格来说不是，地球的赤道半径比两极半径要长一些，赤道半径大约是 **6378.137 千米**，而极地半径大约是 6356.752 千米，所以地球是个两极稍扁、赤道略鼓的球体，更像一个矮个子的小胖子。

虽然不是完美球体，
但我已经非常圆润啦

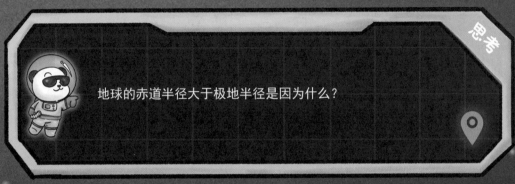

思考

地球的赤道半径大于极地半径是因为什么？

你分得清东南西北吗?

现实中有很多人分不清东南西北,因为现在的交通很发达、导航工具很先进,我们不需要自己判断方向照样可以找到目的地。可是在以前,辨别方向是生存必备的技能。

现在,假设你要前往迷雾森林,在那里一路向西走才可以到达目的地,可是导航设备在森林里无法使用,你必须自己确认方向,你会怎么做?相比于"分辨"东南西北,中国古代的天文学家做的事情更伟大,那就是"确定"东南西北,告诉后人哪边是东、哪边是西……你可能会说,这还不简单吗?太阳升起的方向就是东方,落下去的方向就是西方,真的这么简单吗?太阳升起和落下的方向可不是正东方和正西方,如果我们根据太阳的起落来走,很可能会走偏。

静下来,就是南北指向

现在我们判断东南西北,可以使用手机里的指南针应用。不过在以前,古人使用**指南针**来判断方向。古人在非常早的时候就发现了磁石可以指示南北,但是天然的磁石磁性小,也容易失去磁性,于是我国古人利用人工磁化的方法,把铁片变成指南针,以指示南北方向。

但是地球磁场的南极和北极，其实并不在地球的北极点和南极点，它们之间是有一些偏差的。我国有位科学家早于西方 400 多年就发现了这个偏差，他的名字叫**沈括**，他是我国北宋时期的科学家。他写了一本书，叫作《梦溪笔谈》，里面记载了一种水浮法指南针——将带磁性的钢针穿过几段灯草，就可以浮在水面上，形成一个指南针。

《梦溪笔谈》里还记录了指甲旋定法、碗唇旋定法和缕旋法等制作指南针的方法。而且沈括还发现，指南针朝南的指向总是偏东，和地理方向存在微小的偏差，地磁的北极和地理的北极并不重合，这个偏差的角度叫磁偏角。

总是偏那么一点点

400 多年之后，西方的航海家哥伦布在横渡大西洋的时候，才再次发现磁偏角。

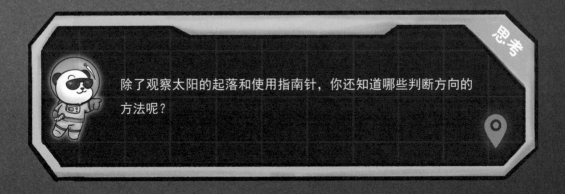

思考

除了观察太阳的起落和使用指南针，你还知道哪些判断方向的方法呢？

现在，我们知道时间的方法有很多，可以看手机或计算机，也可以看手表或时钟。

在时钟被发明出来之前，古人是怎么判断时间的呢？这就要说到古代的记时仪器——日晷。日晷到底是谁发明的，现在已经无法考证了，大概在几千年前的古巴比伦和古埃及时期，就已经有日晷了。

"日"代表太阳，"晷"代表影子，人们通过观察日晷上指针的影子来测定时间。常见的日晷是一种斜面日晷，它的圆盘叫晷面，和地球的赤道平面是平行的，晷面上有一根铜制的指针，这根指针正好指向北极星。整个日晷就像一个小型地球，因为地球每天自转，太阳东升西落，所以指针会在晷面上的不同位置留下影子。古人在晷面上画出 12 个大格，一天有 24 小时，1 格就对应两个小时，我们只需要看影子指向哪个格子，就可以知道现在大概几点了。

这个影子的意思是几点？

注意，熊猫君说的是，我们可以通过日晷知道现在大概几点。如果想知道准确的时间，就需要进行更复杂的计算，并且时间要受到一天时间长度差异的影响。一天有 24 小时，是一天的平均长度，实际上每天的长度是不一样的，有时候比 24 小时长，有时候比 24 小时短。

首先，地球的自转速度并不是均匀的，会发生有时旋转快、有时旋转慢的现象。其次，地球绕太阳旋转的速度也不是固定不变的，这也会导致我们测量的一天的长度有所变化。古人在很早的时候就发现了一天、一年的长度不一，为了获得更精准的数据，天文学家纷纷开始对一天、一年的长度进行精准测量。

我国历史上有一位数学家和天文学家——祖冲之。祖冲之出生于公元 429 年，也就是南北朝时期。虽然身处乱世，但祖冲之专心计算，不仅计算出了当时最精确的圆周率的值，还发现了当时的历法误差很大，导致对一年四季变化的测量都不准确。反应季节变化周期的年叫作回归年，通过精准的测量和计算，祖冲之确定回归年的长度约为 365.2428141 天，与今天的测量值仅相差 46 秒。有了这个测定，中国古代历法才变得更为精确。

回归年长度 ≈ 365.2422 天
即 365 天 5 小时 48 分 46 秒

为了纪念祖冲之，国际天文学联合会把月球上的一座环形山命名为"祖冲之环形山"，紫金山天文台还将一颗小行星命名为"祖冲之星"。

思考

假如给日晷装一根分针，那么分针该如何设定才能使它的影子跟随"影子时针"移动呢？

2.6
经纬坐标系

如果你家里有地图或者地球仪，你会发现上面被人打上了"格子"，就像我们的笔记本一样，而组成格子的线就是经纬线。

我们给每一条经线和纬线编号，就可以得到经纬度，通过经纬度就可以确定地球上的位置。其中，东西方向的线叫作**纬线**，其中，中间最长的那条叫赤道，它就是 0° 的纬线，好似地球的"腰带"。从赤道往北到北极点的北半球，纬度从 0° 到 90°，称为北纬。相对地，南半球的纬度是南纬。

与纬线垂直的线叫作**经线**，国际上规定经过英国格林尼治天文台原址的那条经线为 0° 经线，0° 经线往东至 180° 经线就是东经，往西至 180° 经线就是西经。就这样，我们通过经纬线就可以确定地球上的每个位置，你可以很方便地告诉别人你的位置。例如，我国北京市的中心、就处在北纬 39°54′、东经 116°24′ 的位置。

经线纬线是人类标识用的，并不真实存在

在地球上不同的位置，日出和日落的时间、一天的长度、看到的天体的位置和天象都是不一样的。为了更准确地了解不同地区的数据，我国古人曾经多次开展大范围的数据测量。这里不得不提我国历史上的一位天文学家，他的名字叫一行，是一位僧人，也是一位伟大的天文学家。一行生活在我国唐朝时期，俗名张遂。为了获取更准确的天文数据，制定更精准的历法，也希望制定的历法可以适用于全国各地，一行组织和开展了一次大规模的测量活动。

他选择了 13 个地点，最南到了现在越南的中部，最北到了现在蒙古国的乌兰巴托市。通过测量，他得出南北两地相差 351 里 80 步，北极高度相差 1° 的结果，这相当于对经线长度的一次精确测量。经过几年的测量，一行开始编修新历，他的《大衍历》是当时中国最准确的历法。

用脚进行丈量

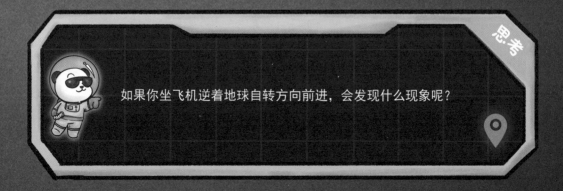

如果你坐飞机逆着地球自转方向前进，会发现什么现象呢？

2.7
黄赤交角

在地球上的许多地方，季节变化都是非常明显的自然现象，但是你知道季节变化的由来吗？

地球的季节变化主要体现在气温变化上。每天的平均气温呈现上升趋势的时候，我们就从寒冬进入盛夏。那么又是什么改变了地球的气温呢？是太阳，太阳通过它内部的核聚变反应，源源不断地向外发出光和热。有了太阳的"馈赠"，地球上才会出现生命，我们才会看到五彩斑斓的世界。

地球接收太阳热量多的时候，气温就会上升，接收太阳热量少的时候，气温就开始下降。那么，为什么地球接收到的太阳热量会有不同呢？很多人第一时间会想到地球和太阳的距离，是不是距离远，接收到的热量就少，距离近，接收到的热量就多呢？这个想法是合理的，但不是主要原因，因为地球的轨道虽然是椭圆形，但它还是非常接近于圆形的，地球到太阳的平均距离大约是 149 600 000 千米，离太阳最近的时候大约有 147 100 000 千米，最远时候大约有 152 100 000 千米，它们之间的差距比较小，不足以让地球接收到的热量有太大的变化。

地球到太阳的平均距离
≈ 149 600 000 千米

真正产生四季变化的原因，其实由于不同地区的**太阳高度**不同，地面接收到的热量不同。拿出地球仪，你会发现地球仪是倾斜的，这种倾斜是真实存在的，地球就是这样倾斜地绕太阳旋转的。如果不存在这种倾斜，那么地球上每个地方的人，每天看到的太阳都会在天空中沿着固定的轨道移动，每天可以接收到的太阳热量也都是固定的，这样也就不会出现四季变化了。然而由于这种倾斜的存在，情况就大不相同了，一年当中，有的地方会正好朝向太阳，相当于太阳在头顶上，那此时这个地方接收到的热量就更多，而在其他时候，太阳就低一些，阳光倾斜地照下来，地表接收到的热量就相对变少了。

古人很早就发现了太阳高度在一年之中会发生规律的变化，冬至那天太阳最低，夏至那天太阳最高。中国古代的天文学家一直致力于测量太阳高度，"算圣""珠算之父"刘洪，生活在东汉时期，他学识渊博，尤其对天文历法有研究，他通过大量测量和计算，编写了《乾象历》，把朔望月的误差从 20 多秒降到了 4 秒左右，把回归年的误差从 660 多秒降到了 330 秒左右。通过观察太阳的影子，我们不仅可以知道当前的大致时间和所处位置的经纬度，也可以大致判断现在的日期。

黄赤交角示意

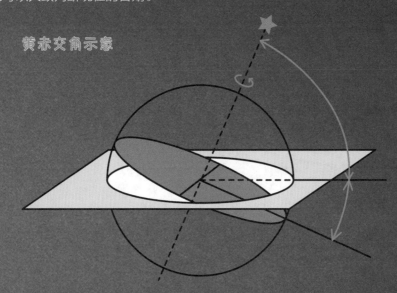

现在你知道季节变化的真正原因了。地球的倾斜角，被称为 **黄赤交角**。据记载，公元前 11 世纪，周朝建立了测景台，最早测定了黄赤交角的大小。而做出过精准测量的，是一位阿拉伯天文学家，叫阿尔巴塔尼，生活在公元 9 ～ 10 世纪的阿拉伯地区。当时的阿拉伯地区保留了很多古希腊的学术成果，而阿尔巴塔尼在天文计算中利用了正弦表，还完善了球面三角的计算方法，大大方便了天文学家的测量与计算。也正是通过自己的贡献，阿尔巴塔尼改进了托勒密的算法，计算出了非常精确的黄赤交角。这些成就也让他成为了最伟大的天文学家之一。

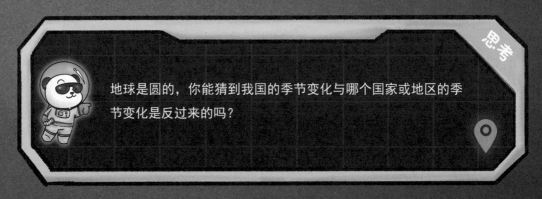

思考

地球是圆的，你能猜到我国的季节变化与哪个国家或地区的季节变化是反过来的吗？

嗨！42 号考察员。经过第 2 章的历练，你应该已经是个"地球知识达人"了。现在，我们要开始仰望星空，探索星辰的奥秘了！

第 3 章

星空侦探

3.1 天球

这里有 7 颗星星，你认识它们吗？古人在很早的时候就发现了这几颗星星，它们组合在一起形成的图案像个大勺子。我国古人认为它是天帝的马车，古希腊人则认为它是大熊的屁股。现在，我们一般叫它北斗七星，属于大熊座。那么，北斗七星真的排布成这个样子吗？我们换个视角看一下。

如果我们飞到宇宙中，看到的北斗七星的图案就不是一个大勺子了。有时候，星星虽然看起来离我们很近，但是可能离我们几光年，也可能离我们上百光年，其实是非常远的呢。

你要时刻提醒自己，我们看到的绝大多数星星，其实散落在太阳系的周围。地球的上边、下边、左边、右边、前边、后边，都有无数的星星，有的离我们近，有的离我们远。

星星是散落在宇宙之中的，我们看到的星座图案，就像星星的影子一样，并不是它们实际的位置。但是这并不会影响我们对星空的了解。

古希腊有一位天文学家叫托勒密。托勒密认为，宇宙其实是一层一层的，就像洋葱一样，地球位于宇宙的中心，月亮、水星、金星、太阳依次位于外层，而其他所有的星星，则分布在最外层。水晶球的旋转带动了日月星辰的运转。

我认为宇宙是这样的

虽然现在来看这个想法太不靠谱，不过托勒密的想法为天文学的研究打下了基础。之后，天文学家延续着这个想法，提出了"天球"这个概念，假设我们位于一个大球的球心，而其他所有的星星都在这个大球的表面，这样我们就方便对星星的位置进行观察和计算。

现在的星座体系是在"天球"模型后才出现的。

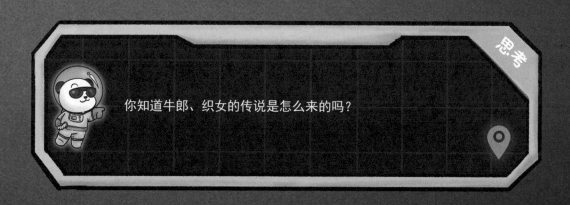

思考

你知道牛郎、织女的传说是怎么来的吗？

3.2
赤道坐标系

设想这样一个场景，刚刚有别的考察员在天空中发现了一颗不明星星，我们需要赶快找到它并对它进行跟踪、观测。可是，这颗星星并不亮，要如何才能快速找到这颗星星呢?

我们先换个角度想一想，在地球上，你的朋友发现了一处宝藏，叫你过去一起挖掘，他要怎么告诉你他的位置? 对，就是利用我们之前了解过的经纬度。对于天空也是同样的道理，假设我们位于一个大球的中心，所有的星星都在这个大球上，我们可以像给地球画格子那样，给天空画格子，这样天空中的每个点都可以用一组数字代表，这就是星星的赤道坐标。它的画法和地球上的经纬线一样，不过名称不太一样。天空中南北方向的线，叫**赤经**，一圈有 360°。为了计算方便，天文学家习惯用时间来表示赤经的度数，也就是 0 时到 24 时。东西方向的线叫**赤纬**。天空也像地球一样分成了南北两部分，从中间向两侧就是 0° 到 90°，不过天空中我们不说南纬、北纬，而是用正数表示北纬，用负数表示南纬。这样，我们就可以给星星定位啦!

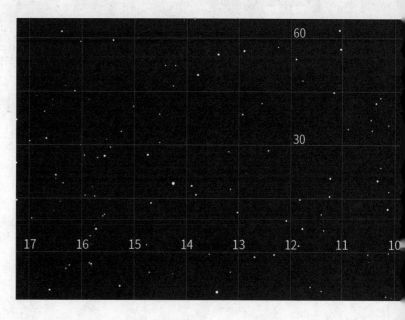

上页图是全天恒星的坐标图，它就像地图一样，只不过它显示的不是地球上的国家和城市，而是星星。中间的横线，对应地球上的赤道，叫天赤道，从右向左标注的数值就是赤经度数。中间的竖线旁边标注的则是赤纬度数。你可以通过仔细观察或者把这张图打印出来，来测量恒星的坐标。比如，我们先测量大角星的坐标，它在画面中心的左上方一点儿。大角星是全天第四亮星，位于牧夫座。我们把大角星附近放大，沿着大角星，画一条横线、一条竖线（见右上方图）。

竖线与赤经相交在 14 时和 15 时之间，大约是 14 时 15 分的位置，所以大角星的赤经度数就是 14 时 15 分。横线位于赤经上方，在北天球 0° 到 30° 之间，大约是 20°，所以大角星的赤纬度数是 +20°。

怎么样？是不是很方便？西汉时期有一位天文学家叫落下闳，它提出了**浑天说**。浑天说认为大地漂浮在宇宙之中，太阳、月亮和漫天的星星都绕着大地旋转。这个说法虽然现在看起来不是很正确，但是可以很好地解释人们观察到的现象。为了研究天体的运行，落下闳改良了天文仪器。落下闳改进的浑仪被用了约 2000 年，它使用星星的赤道坐标系，像星空的量角器，通过它就可以测量出星星的坐标。

试着测量图上天狼星和织女一的坐标吧！

3.3 恒星周日视运动

我们在晚上看到的星星都是独立的，为什么摄影师拍出来的星星却长照片中这个样子呢？

这种照片叫**星轨照片**，可以展示星星在天空中的轨迹。摄影师打开相机，对着天空中的同一个位置连续拍摄几个小时，最后得到的照片上就会出现星轨效果。发现了吗？星星在天空中转圈呢！每一颗星星都会在大约 1 天的时间里，在天空中画出 1 个圆圈，不过我们只能在夜晚看到星星，白天看不到，所以无法看到完整的圆圈。这些圆圈有的大、有的小，组成很多个同心圆，而这些圆的中心，正好也有一颗星星。

我国古人很早就发现了，所有的星星都在围绕这颗星星旋转，因为这颗星星位于北方的天空之上，所以我们叫它北极星。每一天，星星们都会绕着北极星转圈，这种运动叫恒星周日视运动。可是，为什么星星会这样运动呢？古人以为，这些星星都在一个大球的表面，这个球一转，星星就跟着转。

在战国时期的齐国，有一位很了不起的天文学家，名叫甘德，他长时间对星星进行细致观测，建立了一套星星命名系统，创造了有记录的最早的星表。他还撰写了《天文星占》《岁星经》等著作，是非常古老的天文学图书。

现在我们知道，其实恒星周日视运动是地球自转造成的。地球一天自转一圈，我们看到的天空，自然也绕着地球转一圈。事实上，天空没有动，是我们自己动了，只不过我们并没有感受到自己在动，而是发现天空在进行相对运动。

思考

如果在夜里迷失方向应该怎么办？

3.4
北极星之谜：恒显圈、恒隐圈

你知道吗？即便你每天晚上都观测星空，有的星星还是看不到。

有一颗很明亮的星星叫老人星，也叫南极老人星，相传，如果你看到了这颗星星，你就可以长命百岁。可是，这颗星星不是那么容易见到的，如果你生活在北京、天津、西安、郑州这些北方城市，你就看不到老人星。如果你生活在长江以南，尤其是广州、深圳等城市，就有机会看到它。为什么会这样呢？

所有的星星看起来都围绕北极星旋转。如果我们生活在地球的北极，看到的星空会是什么样的呢？北极星会出现在我们的头顶，而其他星星会沿着水平方向在天空中转圈，一天转一圈，不会升起也不会落下。这就意味着，在地平线以下，另一侧的星星永远不会转上来，在北极的我们永远无法看到它们。而生活在中国的我们，北极星不在正头顶，而是在北方的天空，北极星附近的星星在转圈时，也不会落下地平线，这些星星我们总能看到，我们把这个永远可以看到的范围称为**恒显圈**。

北极星的另一侧虽然没有南极星，但是对应着一个南边天空的点，这个点永远不会在地平线上升起来，它周围的星星我们也永远看不到，这个范围叫**恒隐圈**。越接近极地地区，恒显圈和恒隐圈越大，可以看到的星星总数就越少。只有在赤道上，理论上才可以看到全部的星星。

事实上，无论是我国的星座体系还是欧洲的星座体系，划分的都是北半球的天空。由于恒隐圈的存在，当时的人们对南半球的天空知之甚少。直到 18 世纪，人类的航海技术已经非常成熟，坐着大船甚至可以环游地球，这时科学家才发现南半球天空中的星星。

1750 年到 1754 年，法国天文学家拉卡伊随着法国科学院考察团去非洲大陆的最南端进行天文观测，在那里测定了 1 万多颗南半球天空中恒星的位置。从此，天文学家才开始系统地研究南半球天空中的星星。

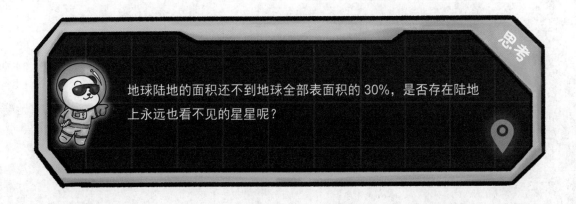

地球陆地的面积还不到地球全部表面积的 30%，是否存在陆地上永远也看不见的星星呢？

3.5 恒星命名法

面对满天繁星，我们要如何称呼它们呢？

想一想你在学校里是如何称呼同学的？对，喊他们的名字。我们要想研究星星，就必须给它们命名。明亮的星星都有自己专属的名字，例如天狼星、织女星、南门二、参宿七、毕宿五等。

希腊字母表

序号	大写	小写	英文注音	国际音标注音	中文注音
1	A	α	alpha	alfa	阿尔法
2	B	β	beta	beta	贝塔
3	Γ	γ	gamma	gamma	伽马
4	Δ	δ	delta	delta	德尔塔
5	E	ε	epsilon	epsilon	艾普西隆
6	Z	ζ	zeta	zeta	泽塔
7	H	η	eta	eta	伊塔
8	Θ	θ	theta	θita	西塔
9	I	ι	iota	iota	约塔
10	K	κ	kappa	kappa	卡帕
11	Λ	λ	lambda	lambda	拉姆达
12	M	μ	mu	miu	谬
13	N	ν	nu	niu	纽
14	Ξ	ξ	xi	ksi	克西
15	O	o	omicron	omikron	奥米克戎
16	Π	π	pi	pai	派
17	P	ρ	rho	rou	柔
18	Σ	σ	sigma	sigma	西格马
19	T	τ	tau	tau	陶
20	Υ	υ	upsilon	jupsilon	宇普西隆
21	Φ	φ	phi	fai	斐
22	X	χ	chi	khai	希
23	Ψ	ψ	psi	psai	普西
24	Ω	ω	omega	omiga	奥米伽

可是，天上的星星太多了，都这么命名，我们也记不过来呀。那怎么办呢？天文学家提出了系统的命名方法，确定了一个规则来给星星命名。

17 世纪的德国有一位叫约翰·巴耶的天文学家，他为全天的星星画了一套星图，这是世界上第一套涵盖整个星空的星图。他还提出了一个给星星命名的方法，即按每个星座里的星星亮度给它们排序，按照顺序用希腊字母来命名。

左表是希腊字母表，希腊字母一共有 24 个，表里分别是它们的大小写和注音，我们可以按照中文注音来读它们。

你可能不太了解希腊字母，小写希腊字母就像英文字母 a、b、c、d 一样，只不过小写希腊字母是 α、β、γ、δ 这样的。星座里最亮的星星叫作 α 星，然后是 β 星、γ 星……而像天狼星是中国古人起的名字，按照巴耶命名法，它可以被称为大犬座 α 星，参宿七可以叫猎户座 β 星。

以仙后座为例，仙后座这个区域里最亮的星叫王良四，按照巴耶命名法，它叫仙后座 α 星，第二亮的星星是图中的王良一，亮度往后排依次是策星、阁道三、阁道二和附路星，所以它们按照**巴耶命名法**分别是仙后座 β 星、仙后座 γ 星、仙后座 δ 星、仙后座 ε 星和仙后座 ς 星。

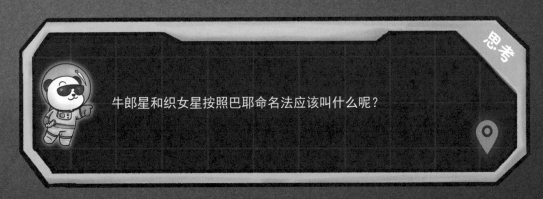

牛郎星和织女星按照巴耶命名法应该叫什么呢？

3.6 给星星排名次：星等

在 3.5 节我们了解到，巴耶命名法基于星星的亮度给星星起名字。那么，科学家如何衡量恒星的亮度呢？长度有长度单位，时间有时间单位，星星的亮度也有专门的单位。科学家用星等来表示星星的亮度。要知道，早在公元前 2 世纪，天文学家就已经提出星等这个概念了。

公元前 2 世纪，在爱琴海的罗德岛上，古希腊天文学家喜帕恰斯建立了一座观星台，并绘制了一份详细的星图，还按照亮度为星星划分了等级。最亮的那些星星，被定为一等星，比一等星暗一点的星星是二等星，再暗一点的是三等星。就这样，整片夜空中的星星就都根据亮度划分出了等级。最后那些非常暗、需要视力非常好的人才能看到的星星，被划分为六等星。这一套星等的划分方法，天文学家现在还在使用。

一等星的亮度 ≈ 100 倍六等星的亮度

随着对天体亮度的测量越来越准确，科学家发现，一等星的亮度差不多是六等星的亮度的 100 倍，于是规定星等相差 5 等，亮度就差 100 倍。这样算下来，星等差 1 等，亮度就差 2.512 倍。为什么是 2.512 这个数呢？因为 5 个 2.512 相乘，就大约是 100 啦。如果星星的亮度在一等星和二等星之间，我们还可以用小数，例如 1.5 等星来表示。如果遇到了比一等星更亮的星星，应该怎么办呢？

星星越亮，星等的数值就越小，比一等星更明亮的是零等星。如果比零等星还要亮呢？那就要用负数表示了。这样，我们可以把所有的天体亮度都记录下来。太阳的亮度是 –26.7 等，满月的亮度是 –12.6 等，金星最亮的时候有 –4.9 等。而夜空中最亮的恒星天狼星，亮度是 –1.45 等。天空中有一等星 21 颗，二等星 46 颗，三等星 134 颗，四等星 458 颗，五等星 1476 颗，六等星 4800 多颗。比六等星还暗的星星，我们需要借助天文望远镜才能看到。

星　　名	视星等	绝对星等	距离 / 秒差距	光谱型
大犬座 α 星（天狼星）	− 1.45	1.41	2.7	A1
船底座 α 星（老人星）	− 0.73	− 4.7	60	F0
半人马座 α 星（南门二）	− 0.1	4.3	1.33	G2 + K1
牧夫座 α 星（大角星）	− 0.06	− 0.02	11	K2
天琴座 α 星（织女星）	0.04	0.5	8.1	A0
御夫座 α 星（五车二）	0.08	− 0.6	14	G8 + F

那为什么星等还要分成视星等和绝对星等呢？

试想，如果两个相同的光源放在离我们同样远的位置，我们看到的亮度是一样的。而如果观测者位置不变，更远处的星星亮度会变暗。这并不是因为光源发出的光变少了，而是同样亮度的星星，离我们更远的那颗看起来更暗。

所以，我们看到的星星的亮度，不仅和星星本身的亮度有关，还和星星与我们的距离有关。我们看到的星星亮度是它的视星等，而为了体现星星的真实亮度，天文学家又创造了**绝对星等**这个概念。也就是假定把星星放在距离我们 32.6 光年的位置，由此测得的亮度用来反映星星真实的发光本领。

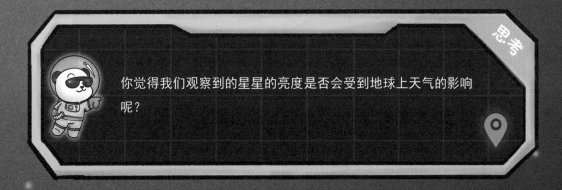

你觉得我们观察到的星星的亮度是否会受到地球上天气的影响呢？

3.7
星空拼图挑战：星座

你知道自己是什么星座的吗？

黄道十二星座是我们非常熟悉的，不过这 12 个星座只占天空中星座的一小部分。按照现在国际通用的星座标准，天空中一共有 **88 个星座**，像大熊座、猎户座、仙女座这些有名的星座不属于黄道星座。

88 星座分别是：

长蛇座	室女座	大熊座	鲸鱼座	武仙座	波江座	飞马座	天龙座	半人马座	宝瓶座	蛇夫座
狮子座	牧夫座	双鱼座	人马座	天鹅座	金牛座	鹿豹座	仙女座	船尾座	御夫座	天鹰座
巨蛇座	英仙座	仙后座	猎户座	仙王座	天猫座	天秤座	双子座	巨蟹座	船帆座	天蝎座
船底座	麒麟座	玉夫座	凤凰座	猎犬座	白羊座	摩羯座	天炉座	后发座	大犬座	孔雀座
天鹤座	豺狼座	六分仪座	杜鹃座	印第安座	南极座	天兔座	天琴座	巨爵座	天鸽座	狐狸座
小熊座	望远镜座	时钟座	绘架座	南鱼座	水蛇座	唧筒座	天坛座	小狮座	罗盘座	显微镜座
天燕座	蝎虎座	海豚座	乌鸦座	小犬座	剑鱼座	北冕座	矩尺座	山案座	飞鱼座	苍蝇座
三角座	蠊蜓座	南冕座	雕具座	网罟座	南三角座	盾牌座	圆规座	天箭座	小马座	南十字座

说到星座的起源，这可是一个非常古老的故事。公元前 4000 年左右，两河流域的苏美尔人已经开始尝试把星空分成不同的区域。星座文化传到古希腊地区以后，便和当地的神话故事完美地结合在一起。公元前 9 世纪，古希腊诗人荷马在其著作《荷马史诗》中就已经提到了大熊座、猎户座等星座。比较系统地提到星座的是阿拉托斯的天象诗《物象》。

阿拉托斯出生在公元前 4 世纪的小亚细亚半岛，后来当上了马其顿王室的宫廷诗人。他把哲学家欧多克索斯的天文学著作改写成诗歌《物象》，上半部分描述星座，提到的星座有 47 个之多。这些星座的名字基本上是古希腊神话中英雄或动物的名字，都对应一段神话故事。

后来，托勒密在他的《天文学大成》中系统地记录了 48 个星座。直到"大航海时代"，人类对星空的认识取得了巨大的飞跃，于是天文学家开始用当时的一些科技发明和新发现的生物来给星座命名，诞生了显微镜座、望远镜座、圆规座、时钟座、杜鹃座、飞鱼座、剑鱼座等星座。到了 20 世纪 20 年代，天文学家聚在一起，才确定了 88 个星座的划分标准，包括 28 个北天星座、12 个黄道星座和 48 个南天星座。

你肯定看到过这种星座图（见左图），它会让我们误以为几颗亮星连在一起，就形成了一个星座。其实，这些连线是没有意义的，星座是天空中的区域，真正有意义的是星座的边界，把整片天空分成了一块一块的区域。88个星座就像是88块拼图，组成了整片天空，也就是我们讲过的天球。

狮子座里有多少颗星星？这个问题你可以想一想。星座是天空中的一块区域，我们用肉眼能看到其中的多少颗星星？如果用天文望远镜呢？如果用更厉害的望远镜呢？是不是能看到无数颗星星？我们可以说一个星座中一等星有多少颗、二等星有多少颗，但是一个星座里一共有多少颗星星，可就数不清了。而一个星座离我们有多远这个问题就更没有意义了，因为每个星座里都有或远或近的无数颗星星。

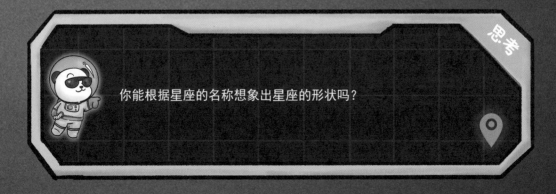

思考

你能根据星座的名称想象出星座的形状吗？

你还记得在《西游记》里，孙悟空遇到了打不过的妖怪时是怎么做的吗？

本图已获授权，作者：徐刚。

是的，去天上搬救兵！在《西游记》里，有几位神仙是出自中国古代天文学的，这些神仙被统称为二十八星宿，他们可帮了孙悟空不少忙。让我们一起来看看中国古人眼中的星空吧。

在中国古代，也有类似星座的概念，不过不是划分天空的区域，而是把几颗星星划成一组，想象成星官。在战国时期以前，甘德、石申、巫咸等天文学家建立了星官系统。后来，星官系统被一个人结合起来，打下了中国古代星官系统的基础。这个人叫陈卓，是我国古代三国时期吴国的太史令。

太史令在三国时期是负责天文历法的官员。陈卓精通天文星象，他收集、整理了甘德、石申和巫咸建立起的星官系统，编制成一套包含 283 个星官、拥有 1464 颗星星的系统。

后来，唐代的王希明创作了《丹元子步天歌》，具体介绍了这些星官的位置，他还把天空划分为 31 个区域，即**三垣二十八星宿**，这些是中国古代天空中的重点区域。垣是城墙的意思，三垣，可以理解成天上的 3 个城区。三垣分别是紫微垣、太微垣和天市垣，分别象征天上的宫阙、政府和市场。

由于月亮在天空中绕地球一圈的时间是 27 天多一点，所以古人把月亮轨道附近的区域划分成 28 份，称为二十八星宿。二十八星宿还被分成 4 组，被称为四象，每组包含 7 个星宿。二十八星宿分别是：东方苍龙七宿——角、亢、氐、房、心、尾、箕；北方玄武七宿——斗、牛、女、虚、危、室、壁；西方白虎七宿——奎、娄、胃、昴、毕、参、觜；南方朱雀

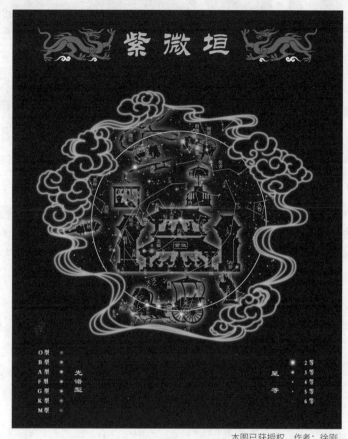

本图已获授权，作者：徐刚。

七宿——井、鬼、柳、星、张、翼、轸。记住了三垣二十八星宿，你就掌握了中国古代星官体系。

上图是位于苏州市的石刻天文图，是世界上现存最古老的根据实测绘制的全天石刻星图，刻制于 1247 年。画面中央是紫微垣，紫微垣左上方是天市垣，紫微垣左下方是太微垣，围绕紫微垣的则是二十八星宿和其他星官。

思考

拿出笔和纸，试着把三垣和二十八星宿分别画出来吧。

3.9
行星运动会：凌日、逆行和冲日现象

前面我们考察了非常多的星星，无论是中国的古人还是西方的古人都发现，有些星星在天球上是固定不动的，所以这种星星被称为恒星，意思是恒定不动的星星。除了恒星之外，天空中还有一些星星，它们会不停地变换位置，在天空中"跑来跑去"，这些星星被称为行星。

恒星是广阔宇宙中和太阳类似的天体，它们会发光、发热，所以我们可以看到它们。恒星其实也是在运动的，只不过它们离我们太远了，即便运动我们也几乎看不出它们的位置变化。太阳系内的行星，是地球的兄弟姐妹，和地球一样绕着太阳运转，而且自身并不会发光，只能反射太阳的光。太阳系里有 8 颗绕着太阳运转的行星，从内向外依次是水星、金星、地球、火星、木星、土星、天王星和海王星。由于地球和它们之间特殊的位置关系，它们会表现出一些有趣的现象。我们先来探究两个有趣的现象。

当月亮运行到地球和太阳之间的时候，会把太阳遮住，这个现象叫日食。如果行星运行到地球和太阳之间，是不是也会把太阳遮住呢？当然会！只不过不是所有的行星都可以遮挡住太阳。要想遮挡住太阳，行星必须出现在地球和太阳之间，也就是地球轨道内部的水星和金星。不过由于水星和金星离地球比较远，而太阳又十分巨大，所以当水星或者金星运行到地球和太阳之间的时候，我们看到的只是一个小黑点从太阳表面经过，好像是一个小家伙想要欺负大力士一样，这个现象被叫凌日。

看那个黑色小点

金星凌日大约每 113 年会接连出现两次，上两次发生在 2004 年 6 月 8 日和 2012 年 6 月 6 日，而下一次金星凌日要到 2117 年 12 月 11 日才会发生。水星凌日频繁一些，每 100 年大约会发生 13 次，下一次将发生在 2032 年 11 月 13 日，到时候你可以亲眼看到水星从太阳的表面经过呢！

现在互联网上流行的"水逆"一词其实也是一种天文现象，水逆的全称叫水星逆行，是指水星在天空中反方向运动的一种现象。

为什么水星会反方向运动呢？我们知道，水星和太阳系内的其他 7 颗行星一样，绕着太阳旋转，这种运动肯定是不可逆的。不过从地球上看就不一样了，由于水星离太阳很近，只有地球到太阳距离的五分之二左右，绕太阳运行一圈只需要 88 天，所以从地球上看，水星其实是在太阳两侧来回摆动。

水星的公转周期约为 88 天。

大多数时间水星在天空中自西向东运动，称为顺行，少数时间自东向西运动，也就是反方向运动。由于水星的公转周期很短，所以水逆差不多每 3 个月就会出现一次，每次持续 20 天左右。这是一种很普遍的现象。同样的道理，金星、火星也都会发生反方向运动的现象，就像我们和同学在操场上跑步一样，当你超过同学的时候，从你的视角看你的同学是在向后移动，可其实他依然是在往前跑，反方向运动只是一种视觉误差。

而处于地球运行轨道外侧的行星，虽然永远不会遮挡住太阳，但是它们也有一个重要的观测时机，那就是它们和地球、太阳排成一条直线的时候。由于地球不足以挡住外侧的行星，所以这个时候的行星不仅不会变暗，甚至会因为它们被太阳照亮的一侧正好面向地球，而且离地球比较近，看上去反而更亮呢！这时行星所处的位置叫作冲，这个现象被称为冲日。当处于地球运行轨道外侧的行星位于冲的时候，不仅适合我们拿起望远镜进行观测，也最适合发射行星探测器！

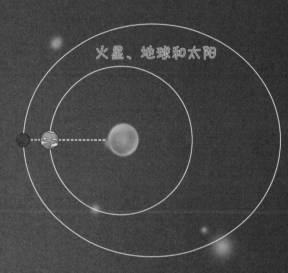

火星、地球和太阳

无论是凌日还是冲日，都是天文学家研究行星的好时机。罗蒙诺索夫出生在 18 世纪，他不仅是天文学家、物理学家和化学家，还是语言学家、哲学家和诗人，他在这几个领域都做出了非常大的贡献。1761 年 5 月 26 日发生了一次金星凌日，罗蒙诺索夫通过对金星进行观测，发现了金星大气。

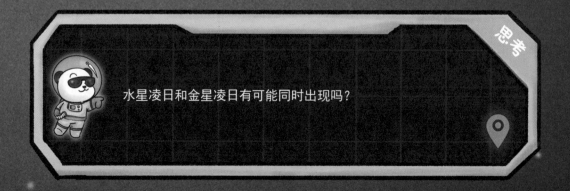

思考

水星凌日和金星凌日有可能同时出现吗？

嗨！42 号考察员。欢迎来到第 4 章。在这一章，我们将具体研究月亮和太阳。

第 4 章

日月之行

4.1
月球故事

月亮，也叫月球，是地球唯一的卫星。月球绕地球运转一圈大约需要27天7小时43分12秒，它的半径约为1737千米，略大于地球半径的1/4，质量约是地球质量的1/81。月球大约形成于45亿年前，至于具体是如何形成的，科学界还没有定论。目前有从地球分裂出去的**分裂说**、被地球引力所捕获的**捕获说**和与地球同时形成的**同源说**几种说法，其中分裂说的影响范围最广。

月球质量约是地球质量的 1/81。

虽然夜晚的月亮非常明亮，但这只是它在反射太阳的光，它本身并不发光。月球表面几乎布满了大大小小的撞击坑，也叫**环形山**，而表面黑暗、相对平坦的平原，我们称为**月海**。对了，由于月球的引力不够大，所以月球表面几乎没有大气层。它的结构分为地壳、地幔和核心3层，富含非常多的铁元素。

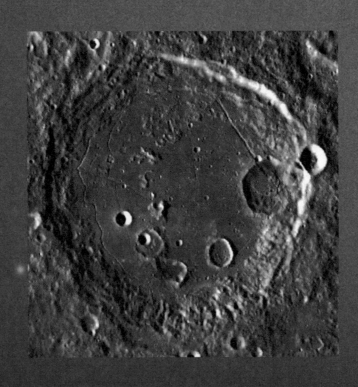

古人在很早的时候就开始对月球进行观察与测量，甚至开始计算月球的大小和月球到地球的距离。古人是怎么计算的呢？

公元前 3 世纪的古希腊天文学家阿利斯塔克是最早提出日心说的人，也提出了太阳、月球距离的测量方法。在当时，古希腊人的数学非常厉害，他们十分熟悉三角形的计算，所以阿利斯塔克在太阳、地球和月球正好构成一个直角三角形的时候，计算出了地球到太阳的距离和地球到月球的距离之间的比例。虽然他的计算结果并不准确，但是这个方法是完全正确的。

后人继续通过他的方法，测得了非常准确的地月距离。再后来，随着科学的进步，科学家开始使用雷达和激光来测量地月距离。1969 年"阿波罗 11 号"登月成功之后，航天员在月球上放置了一个反向反射器，这样地球上的科学家就可以对地月距离进行更精确的测量啦！

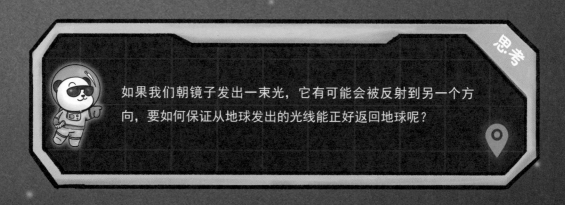

思考

如果我们朝镜子发出一束光，它有可能会被反射到另一个方向，要如何保证从地球发出的光线能正好返回地球呢？

4.2
月相变化

"人有悲欢离合，月有阴晴圆缺"，月亮有时呈圆形，有时却是半圆形，还有时候像"镰刀"。月亮呈现出来的形状叫月相。月相完整变化一次的时间，叫朔望月，是29天12小时44分3秒。我们农历的月份，就是按照月相变化来确定的。

月相变化的第一天，也是农历每月的第一天，我们称它为**新月**，中国古人叫它"朔"。这一天，月亮和太阳大概处在天空中同一个位置，太阳落山时，月亮也落山了，所以我们是完全看不到月亮的。新月之后，在地球上看去，月球向太阳的东边运行，而月亮的西侧会被太阳照射，呈现出镰刀形的月相，叫**蛾眉月**。到了农历初七、初八的时候，月亮的右半边都被照亮了，此时的月相叫作**上弦月**，这两天太阳落山的时候，月亮正好位于南边的天空。再过几天，月亮开始"变胖"，此时的月相叫作**凸月**。等到月亮完全变成圆形的时候，此时的月相就是**满月**。满月一般出现在农历十五或者农历十六，古人把这一天叫作"望"，这一天太阳落山的时候，月亮会刚好从东方升起。再往后，月亮就开始"变瘦"了，不过是从西边开始，等到西边的半个月亮看不到了，只剩东边的半圆，此时的月相是**下弦月**。随着月亮越来越"瘦"，最终小月牙也会消失不见，我们就会来到下一个月的初一。

月相变化

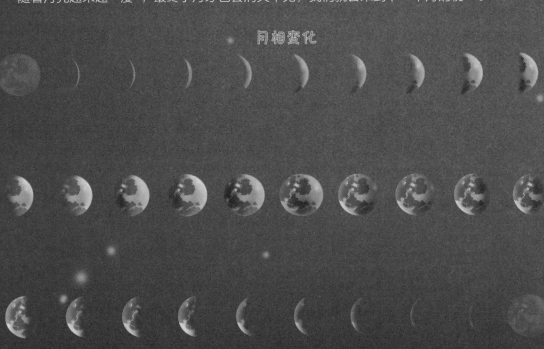

这是伽利略手绘的哦

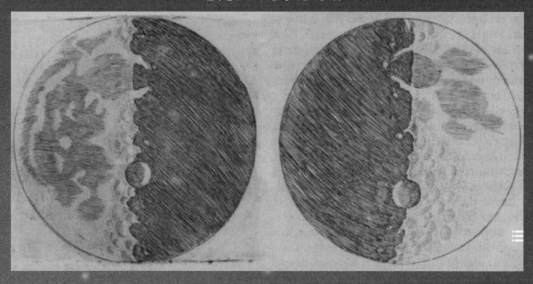

为什么月亮会呈现不同的形状呢？难道是它真的会变形？月亮从来都不会变形，只是太阳、地球、月亮的位置关系在不断变化。

早在 1603 年，英国天文学家威廉·吉尔伯特就根据肉眼观测，绘制了首幅月球地图（见上图）。望远镜发明之后，英国天文学家托马斯·哈里奥特和意大利天文学家伽利略都通过望远镜绘制出了月面图。波兰天文学家约翰·赫维留自己建了一座天文台，花了 4 年时间观察、记录月球的表面地形，并且尝试将地球上的地名应用到月球上，他被称为月球地形学创始人。

随着望远镜性能的进步和航天技术的发展，人类对月球表面的认识也越来越全面。2008 年，中国公布了"嫦娥一号"拍摄的月球影像图，这是当时世界上已公布的月球影像图中最完整的一张。

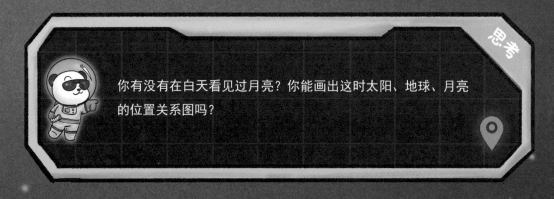

思考

你有没有在白天看见过月亮？你能画出这时太阳、地球、月亮的位置关系图吗？

4.3 勇闯太阳领地

现在，我们去考察太阳。太阳表面非常的炎热，所以我们要穿好航天服，小心喽！

太阳是离地球最近，也是太阳系中唯一的恒星，是太阳系的"大家长"。它距离地球大约有1.5 亿千米，这么远的距离，连太阳发出的光也要经过大约 8 分钟才能到达地球。太阳的直径大约有 138 万千米，是地球的 109 倍左右。如果我们把太阳看成一个空心大球，那它的内部可以装下大约 130 万个地球呢！太阳的质量大约是地球的 33 万倍，它占太阳系总体质量的大约 99.86%。像太阳这样的恒星，寿命大约为 **100 亿年**，目前太阳年龄大约为 46 亿岁，正值壮年。50 多亿年之后，太阳内部的氢元素会逐渐耗尽，在一系列物理作用下逐渐膨胀，形成红巨星。

太阳与地球之间的距离 ≈ 150000000 千米

为什么太阳可以发光、发热呢？这是因为太阳的内部有一块核反应区，这里的温度高达1500 万摄氏度，压力是地球大气压的 3000 亿倍左右，在这里，时时刻刻都在发生和氢弹爆炸类似的反应，所以才会源源不断发出光和热。核反应区外是辐射区和对流区，再往外是太阳的大气层，主要包括光球层、色球层和日冕层。以前，人们以为日冕层就是太阳的最外层，可是随着太阳风被发现，科学家逐渐意识到这个问题没有这么简单。

太阳吹出来的风和地球表面上的风不一样，由于日冕层温度高，气体非常活跃，所以很容易就能摆脱太阳的引力飞出来，这就是**太阳风**。太阳风的主要成分是质子和电子，每秒可以运动 200~800 千米，相当于从北京到上海，几秒就够了。

太阳风会不会影响地球或人类的生活呢？如果太阳风吹到地球，会破坏地球的大气层、干扰地球的磁场，甚至让我们的手机丧失通信能力。不过好在地球拥有磁场，它就像一把保护伞，可以大大减少太阳风对我们生活的影响。

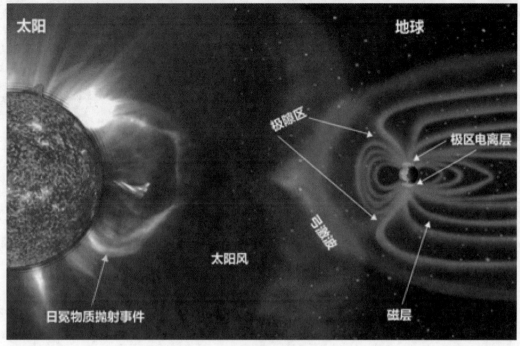

太阳风示意

一位名叫尤金·帕克的科学家首次发现了太阳风，他出生于 1927 年，在他刚刚进入芝加哥大学工作的时候，他的同事，同样也是一位非常资深的天文学家遇到了一个问题，即为什么靠近太阳的彗星会出现一条背离太阳的"尾巴"，就好像被一股风吹出来一样？当时的理论认为，太阳的大气层是静止的，并不会向外释放物质，而还不到 30 岁的帕克经过几个月的研究和思考，得出的结论颠覆了当时科学家对太阳大气层的认知，他认为日冕层会"沸腾"，并且会向外喷射大量的物质，帕克称其为太阳风。

可是，帕克的理论在当时并不被人接受，直到进入太空的卫星越来越多，直接探测到了太阳风的存在。2018 年 8 月 12 日，美国国家航空航天局发射的太阳探测器正式以帕克命名，来纪念这位预言了太阳风的先驱。

思考

太阳风到达地球需要多长时间呢？

4.4
黄道与黄道星座

你觉得太阳是如何运动的呢？

确实，我们每天都可以看到，太阳从大地的东方升起，在中午的时候到达最高点，然后又会在西方落下。这个运动叫作太阳的周日视运动，也就是我们在一天内看到的太阳运动。这个现象是由地球自转产生的，现在，请你站起来，原地转一圈，看看你周围的事物是不是仿佛都转了一圈。显然，这些事物并没有转动，真正转动的是你自己，所以太阳的东升西落并不是太阳的运动。

黄道星座图

接下来，我们换个视角，一起来看一下这张黄道星座图（见上图），图中央是太阳，太阳周围的球体是地球，地球围绕太阳转一圈需要一年的时间。外面的一圈则代表了一些星座，这些星座和太阳有什么关系呢？3月的时候地球位于画面的下方，当我们看向太阳的时候，太阳正好位于双鱼座的方向，到了5月，太阳就位于金牛座方向，8月位于狮子座方向。

从这个视角看，虽然太阳相对地球仿佛并没有变化，但是地球的公转会让我们看到的太阳位置不断改变。一年时间里，地球绕着太阳转一圈，我们看到的太阳也就在天空中转一圈。

这个圈，就是太阳在天球上的轨道，我们把它称为 **黄道**。就像天球是我们假想的物体一样，黄道体现的也只是太阳看上去的运动轨迹，并不是真实存在的。但有了黄道，我们就可以分析太阳在天空中的运动规律、计算月相，甚至预测日食和月食了。

我国东汉时期有一位天文学家叫贾逵，那个时候，史学家发现实际观测到的天象和历法不符合，要知道，当时的天文学家使用的观测仪器，都是按照天赤道来测量数据的。地球仪是斜着的，因为地球在太阳系中就是斜着运动的。相对于地球公转轨道所在的这个平面，也就是黄道所在的平面，赤道反而是倾斜的，这导致我们使用赤道体系来测量太阳的运动数据总会影响计算。贾逵提出，要从黄道的角度来测量太阳、月亮的运动数据，并设计建造了一台黄道铜仪，使用它来测量的太阳和月亮的运动数据果然准确多了。

黄道经过的星座叫 **黄道星座**。黄道星座的起源非常古老，古希腊天文学家托勒密在他的著作《天文学大成》中列出了 48 个星座，其中就包含 12 个黄道星座，也就是我们熟悉的白羊座、金牛座、双子座、巨蟹座、狮子座、处女座、天秤座、天蝎座、射手座、摩羯座、水瓶座和双鱼座。当太阳位于这些星座的时候，我们并不能看到它们，星星的光都被太阳的光遮盖住了。

由于我们这个时候看不到星座，加上古代对星座的划分不是很精确，所以当时的人们干脆把黄道等分成 12 份，太阳经过每个星座的时间都是 1 个月。现在，我们有了通用的星座命名方法和标准的星座划分方法，处女座应该叫室女座，射手座应该叫人马座，水瓶座应该叫宝瓶座，而且太阳经过每个星座的时间也是不同的，经过天蝎座只要几天，而经过室女座要一个半月。

不管怎么样，天文学上的黄道星座和你在网络上看到的星座完全不同。而且，黄道星座只代表这一天太阳的位置，并不会影响你的性格和命运，星座学说是彻彻底底的伪科学，你可不要相信哦！

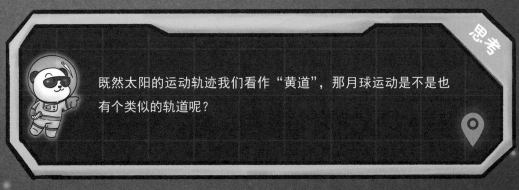

既然太阳的运动轨迹我们看作"黄道"，那月球运动是不是也有个类似的轨道呢？

"清明时节雨纷纷，路上行人欲断魂。"你听说过二十四节气吗？

古人将一年划分为 24 个反应自然节律变化的日子，用来指导农耕生产和民俗活动，这 24 个日子就是二十四节气。在西汉时期，二十四节气就已经被写在历法上了，中国人至今已经使用了 2000 多年，二十四节气成为了我国历史文化的重要组成部分，甚至被誉为"中国的第五大发明"。二十四节气对应的公历日期是比较固定的，公历一年有 12 个月，每个月正好对应两个节气，上半年的节气一般位于每个月的 6 日和 21 日前后，下半年的节气一般位于每个月的 8 日和 23 日前后。中国古人并没有使用你所熟悉的公历，而是使用中国的传统历法——**农历**，可是为什么节气对应的公历日期如此有规律呢？

公历的一年平均算下来大约是 365.2425 天，和回归年的长度非常接近。而公历的月份长度没有规律，大月有 31 天，平年有 2 月 28 天，差了 3 天。这是因为公历的月份长度的划分主要考虑历史和文化，没有考虑天文因素，而中国的古人，用月相变化的周期来确定月份的长度。

朔望月的长度是 29 天 12 小时 44 分 3 秒，当然为了方便，每个月的长度我们要选取整数，不然你可能在学校上课，日期却忽然从上个月最后一天变成了下个月第一天，这就很奇怪。所以农历每个月的长度会有 29 天和 30 天两种情况，我们只需要保证平均下来一个农历月的长度接近朔望月的长度就可以了。可是，这样算下来，一年 12 个月就是 354 天或者 355 天，可比一年 365 天少了 11 天左右，这样下去，过年的时间会越来越早，甚至可能会在秋天过年，在春天过中秋节，这怎么办呢？

农历需要闰月！

一年少 11 天左右，差不多 3 年少 1 个月，聪明的古人想到了一个好办法，即补上 1 个月，这个月就是农历的 闰月。平均下来，差不多每 19 年会有 7 个闰月，这样，虽然每年春节的日期不一样，但是肯定都在冬天。

在我国古代，讲到历法制定，甚至是整个天文学领域，就不得不提一个叫郭守敬的人。你可能从来没有听说过他，但是他在非常多的领域都做出了杰出的贡献。郭守敬生活在元朝，他制作过计时仪器，也修改过水利工程。为了制定新的历法，郭守敬设计、制造了很多的天文仪器，其中包括世界上最早的赤道仪，他还开展了全国范围内的天象测量工作，最终制定出了当时世界上最先进的历法《授时历》，被使用了 360 多年。郭守敬测得的回归年长度，和现在世界通用的公历一样精准，和真实的回归年长度仅差 25.92 秒。

为了纪念郭守敬，国际天文学联合会将月球上的一座环形山命名为"郭守敬环形山"。国际小行星中心将小行星 2012 命名为"郭守敬小行星"。中国科学院国家天文台兴隆观测站的大口径望远镜 LAMOST 被命名为"郭守敬望远镜"。

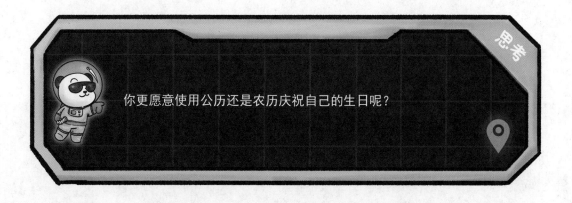

思考

你更愿意使用公历还是农历庆祝自己的生日呢？

4.6
太阳消失之谜：日食

"光泽万物"的太阳会消失吗？起码在人类的眼里，这就是日食，即月亮运行到太阳和地球之间挡住太阳的现象。

虽然太阳的直径大约是月亮的 400 倍，但是太阳到地球的距离是月亮到地球的距离的 400 倍，这就导致我们看到的太阳和月亮好像差不多大。所以，放眼望去，天空之中只有月亮能把太阳挡住。但是月亮一个月绕地球转一圈，为什么不是每个月都发生日食呢？

这是因为月亮的轨道和黄道并不是同一条轨道，而是互相交叉的，只有太阳和月亮同时出现在交叉点的时候，才会发生日食。而且，不同地区的人看到的日食也可能不一样，大大的太阳会把月亮照出来一个小小的影子，如果你此时正好处在月亮的阴影之下，你看到的就是月亮完全把太阳挡住，这是日全食。可是如果你的位置离月亮的影子有些远，你看到的将是月亮挡住一部分太阳，这是日偏食。如果你的位置更远，从你的位置看上去，月亮会从太阳的上方或者下方经过，不会发生日食。

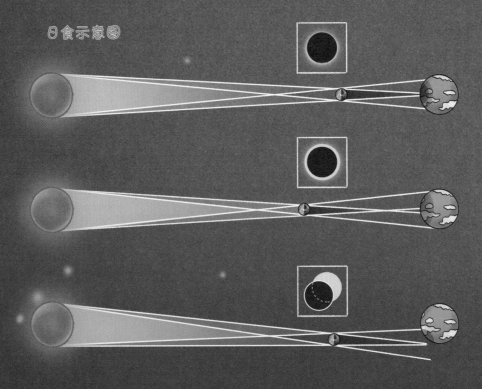

日食示意图

还有一种特殊的情况，就是这一天月亮离地球远了些，看上去月亮变小了，甚至无法完全挡住太阳，这个时候就会形成日环食。从月亮开始遮挡太阳到完全离开，一场日全食全程大约 2 个小时，把太阳完全挡住的全食阶段一般也就两三分钟。要知道，每年都会发生 2 ~ 5 次日食呢！不过即便发生了日食，也不是所有地方的人都能看到。

全球范围内日全食平均每 1.5 年会有一次。

我在 2017 年看过一次日全食，当日全食发生的时候，天空瞬间暗下来，可以看到太阳完全被遮挡住，并出现了肉眼可见的日冕层，天空中出现了星星，温度也下降了。如果不了解日食的科学原理，遇到时肯定会被吓一跳。

古人对预测日食很重视，即便人们很早以前就知道了日食是月亮挡住太阳才发生的，但依然会觉得日食是非常了不得的事情。是否能够精确预测日食发生的时刻，也被视为历法和天文学水平的判定标准。

公元前 7 世纪到 6 世纪，古希腊有一位非常有名的哲学家叫**泰勒斯**，他也被认为是世界上第一位自然科学家。相传，当时有两个国家正在打仗，打了很久谁也没认输，为了能够结束这场战争，泰勒斯经过推算知道了将要发生日食的时间，就透露消息说，上天已经对你们的战争感到愤怒了，如果再不停止战争，就会把太阳遮蔽起来！结果到了那天，正当两军交战的时候，忽然太阳的一侧出现了一块阴影，阴影逐渐扩大，最后整个太阳都消失不见了。双方将士都惊恐地睁大了眼睛，看着被黑暗笼罩的大地，害怕地丢掉了兵器——因为他们都相信泰勒斯的话，认为上天真的发怒了。

于是，这场战争终于结束了。

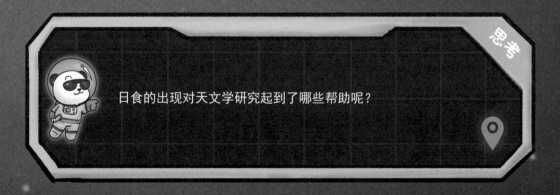

日食的出现对天文学研究起到了哪些帮助呢？

4.7
"血月"事件：月食

传说中，月亮变成血红色是灾难的征兆。

血月现象和月相变化可不一样，月相变化会持续一定的时间，一天之内我们是很难看出变化的，而血月现象全程不到4个小时。此时，月亮真的像被一口一口吃掉，最后变成了血红色！

古人很早就发现了这个奇特的现象，把它称为**月食**。中国古人同样赋予了月食神话的色彩，比如"天狗食月"的传说就由来已久。但现在我们知道，血月只是一种天文现象，与灾难扯不上关系。

这是血月，不是熟了

在月食过程中，月亮好像也是被什么东西挡住了，是什么东西呢？是地球的影子！太阳把地球照出了一条长长的影子，当月亮经过地球的影子的时候，就照不到太阳光了。月亮一个月绕地球一圈，并不会每次都进入地球的影子，平均半年时间才有1次机会进入地球的影子。如果月亮只是和地球影子擦肩而过，没有完全被挡住，就叫月偏食，只有月亮完全进入地球的影子，才叫月全食。

为什么在日全食的时候我们看不到太阳，在月全食时候却可以看到月亮，而且还是红色的月亮呢？这是因为地球表面有薄薄的大气层，太阳光是可以穿过大气层的。经过大气层的折射，有一小部分光可以绕过地球照在月亮上，而且这一小部分光在大气层里"长途跋涉"，蓝色的部分会被过滤掉，只有红色的光才可以照在月亮上。

你挡住我了！

产生月食的原理，我国东汉时期的天文学家张衡就已经发现了，不过我们今天要介绍的不是他，而是另一位我国古代的天文学家。之所以要介绍她，是因为她是一位女性天文学家，她叫王贞仪，出生于清朝乾隆时期，精通数学、天文学，也擅长诗文作画。

为了研究月食现象，21岁那年，王贞仪在家里做起了实验。她把蜡烛当作太阳，把圆桌当作地球，手里还拿着一块镜子，把它当作月亮。她把镜子放在圆桌的阴影里，又把镜子举起来，让镜子的影子落在桌面上。通过不断地尝试，王贞仪终于明白了日食和月食的成因。她还写了一篇叫作《月食解》的文章，里面提到，是太阳照耀月亮，月亮才有光。她还发现，当地球、月亮和太阳不在一条直线上的时候，人们只能看到月亮的侧面，也就是缺了一块的月亮。而当月亮挡住太阳的时候就会发生日食，当月亮进入地球的影子的时候则会发生月食。这些观点都是非常正确的。后来，王贞仪被美国评为影响世界历史的50位女科学家之一，被意大利评为100位改变世界的传奇女性之一，这都是为了纪念她的成就。

思考

自制道具试试重现月食吧！

4.8
潮汐日记：潮汐原理

生活在海边的读者可能对涨潮和退潮很熟悉，每天海水都会上涨、下落两次，这个现象叫作潮汐。

生活在海边的人们为了便于生活，需要对潮汐的规律非常了解。潮汐和天文学有关系吗？还真有。你想一想，海边每天都会涨潮、退潮，地球自转或者海风吹拂是无法让潮汐这么有规律的。那是什么因素影响海水的运动呢？没错，是太阳和月亮。

万有引力告诉我们，任何两个物体之间都是有引力的，太阳和月球也都在吸引地球。海水是液体，覆盖在地球的表面，很容易受到太阳和月亮的引力作用而变化。科学家还发现，当月相处在新月的时候，月亮和太阳对地球的引力会"叠加"，这一天上涨的潮水更多，是大潮。而当月相处在上弦月和下弦月的时候，月亮和太阳的位置垂直，潮水就会小很多，是小潮。

两种不同的地月位置

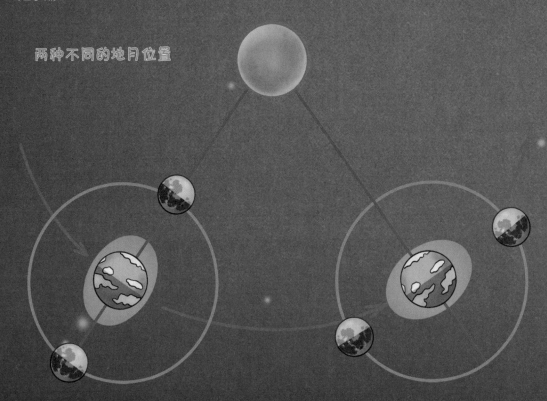

我国汉代思想家王充在《论衡》中就写道："涛之起也，随月盛衰。"

唐代学者余道安也在《海潮图序》中说："潮之涨落，海非增减，盖月之所临，则之往从之。"他们都指出了潮汐与月亮有关系。

伯努利是 18 世纪的瑞士科学家、学术家，还是一名外科医生。他最有名的成就是提出了流体力学里的伯努利原理。流体力学是研究像水、空气这些会流动的物体运动性质的学科，潮汐现象自然也属于流体力学要研究的内容。他提出的平衡潮学说，假设地球完全被海洋覆盖，海洋的运动只受重力和太阳、月亮的引力影响，这大大方便了科学家对潮水运动的计算。他还发现，在水流或气流里，如果速度小，压强就大；如果速度大，压强就小，这就是著名的**伯努利原理**。按压喷雾器，甚至飞机的研制，都离不开这个原理。

知名的"钱塘江大潮"是如何产生的呢？

嗨！42号考察员，说完了日月，我们又要将视角转向浩瀚的宇宙，去探索星星的奥秘。

第 5 章

恒星和大天体

奥特曼的故乡是遥远的 M78 星云，虽然奥特曼是科幻作品中的英雄，只存在于人们的想象中，但星云在宇宙中是真实存在的，它们像彩色云彩，是由宇宙中的尘埃和氢气、氦气等气体构成的。绝大多数的星云形状比较发散，没有明确的边界，这种星云叫弥漫星云（如奥米伽星云）。星云里的气体和尘埃由于万有引力的作用不断聚集在一起，聚集体的质量越来越大，引力也变得越来越大，会吸收、聚集更多的物质，最后把自己挤成一个球，这个球的温度特别高、压力也特别大，从而开始发光发热。于是一颗**恒星**就诞生了。

恒星的内部结构

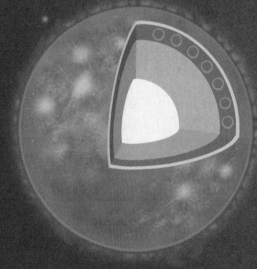

这时恒星内部的温度会达到 1000 万摄氏度，里面的氢元素会被融合成氦元素，发生和氢弹爆炸类似的反应，不断地向外发出光和热。

当这种向外放射的力量最终和向内的引力达到平衡时，这颗恒星就进入了稳定的状态，我们的太阳现在就处于这种状态。太阳的核心温度接近 1500 万摄氏度，每秒释放的能量相当于 910 亿颗氢弹爆炸释放的能量。核心区域的外层，是能量和物质向外传递的辐射层。再往外，是对流层，这里就像翻滚沸腾的粥一样，将太阳的热量散发出去。我们可以看到的太阳表面，是太阳结构的最外层，也就是光球层。光球层之外还有太阳的大气层，包括色球层、日冕层等结构。

像太阳这种稳定的恒星被称为**主序星**，在 19 世纪，天文学家就对恒星进行了大量的观测和研究，并且对恒星进行了分类。20 世纪初，天文学家埃纳·赫茨普龙和亨利·罗素设计了一种图，按照颜色和亮度的不同将所有的恒星都在图表上标注出来，以更好地研究恒星的特性，这种图就叫作**赫罗图**。通过赫罗图，我们可以了解恒星的演化过程。

在赫罗图上，绝大多数恒星都分布在一条从左上角延伸到右下角的条带上，说明我们见到的绝大多数恒星的颜色和亮度都符合一定的规律，这个条带被称为主序带，主序带上的恒星被称为主序星。恒星从诞生开始，就会逐渐靠近主序带，说明它正在变得稳定，而当恒星进入老年期，就会开始偏离主序带。

我们可以说，星云是恒星的摇篮，不过星云不止一种。有一种星云，在演化过程中，向外抛出的气体外壳，看起来像个球壳，这类星云被称为行星状星云（如猫眼星云）；还存在一种星云，是很大的恒星到了生命终点的时候，产生了巨大的爆炸，向外抛射出大量的气体，这样形成的星云叫超新星遗迹（如蟹状星云）。在望远镜被发明之前，天文学家就已经发现了星云的存在，大天文学家托勒密在他的书中记录了天上的云气。望远镜被发明

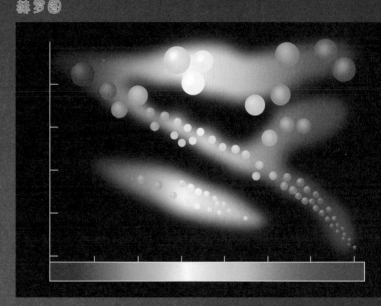

赫罗图

之后，天文学家发现的星云就越来越多，关于星云的研究也越来越多。

天文学史上有个著名的理论，讲的就是我们的太阳系是在星云中形成的，这个理论叫作**星云假说**。最早提出太阳系源自星云的人是哲学家康德，而天文学家、数学家拉普拉斯提出了一个更加具体的模型。拉普拉斯是 18 世纪的法国天文学家，他设想，太阳系原来是一团巨大的炙热气体，气体冷却和收缩后形成了太阳，而外层的一些物质形成了太阳系中的行星。这个猜想现在看来存在很多的问题，不过在当时确实是非常轰动的。

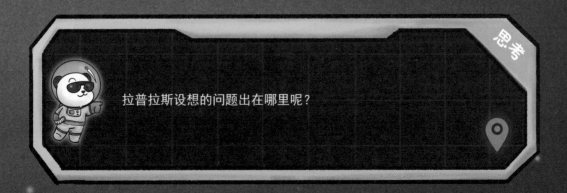

思考

拉普拉斯设想的问题出在哪里呢？

5.2
太空巨无霸：红巨星

你知道吗？宇宙中有一种星星，它的质量可能只有太阳的几倍或者十几倍，但是体积是太阳的成百上千倍，是宇宙当中的"巨无霸"，这就是**红巨星**。

如果一颗恒星的质量是太阳的 0.5 ~ 8 倍，它在老年时就会成为红巨星。对，我们的太阳也会这样。

红巨星"生前"的质量
≈ 0.5 ~ 8 倍太阳的质量

拿太阳来说，50 亿年之后，它就会进入老年阶段。那个时候，太阳的能量源氢元素开始枯竭，释放的能量变少，太阳的引力会将它自己压缩。随着压力增大，太阳内部的氦元素又开始反应，并且释放出更多的能量，还会像吹气球一样让太阳的体积膨胀起来。膨胀之后的太阳表面温度会下降，颜色就开始变红，形成红巨星。红巨星虽然看起来体积很大，但由于密度相对较小，所以质量并不大。

体积很大的红巨星

现在天空中的很多星星是红巨星，例如金牛座的毕宿五，它的质量比太阳大一点，体积却大约是太阳的 44 倍；天蝎座的心宿二，质量大约是太阳的 16 倍，体积却有大约 500 个太阳那么大。鲸鱼座的蒭藁（chú gǎo）增二，也叫米拉（Mira），也是一颗质量比太阳大一点、体积却是太阳的 300 多倍的红巨星。

蒭藁增二还是一颗亮度会变化的红巨星，16 世纪德国的天文学家大卫·法布里丘斯最先发现了它。法布里丘斯非常擅长天文观测，他曾经和儿子一起用望远镜确认了太阳黑子的存在，还发现太阳黑子会在太阳的光球层上移动，佐证了太阳也会自转。1596 年，他在鲸鱼座发现了一颗三等星，颜色红得像火星一样，他给这颗红巨星取名为米拉。

大名：蒭藁增二
小名：米拉

法布里丘斯发现，这颗星星在逐渐变暗，最后甚至暗到无法看见，可是几年之后，这颗星星又出现了。后来的科学家发现，这颗红巨星的亮度大概 330 多天会变化一次，即它是一颗亮度会发生周期性变化的红巨星。2022 年 7 月，蒭藁增二的亮度达到最大。现在，这种亮度会周期性变化的红巨星被称为米拉变星，或者蒭藁变星。

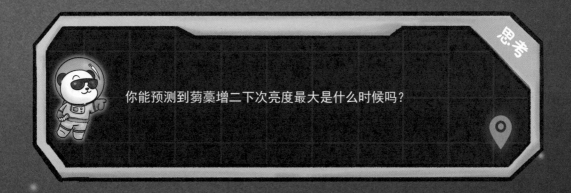

思考

你能预测到蒭藁增二下次亮度最大是什么时候吗？

5.3 宇宙光芒：超新星爆发与中子星

你或许难以想象，星星也会爆炸！

在恒星家族中，大质量的恒星在"死亡"之前，都要经历一次大爆炸。这时候的恒星被称作超新星。超新星爆发释放的能量有多大呢？它的亮度会突然增加100亿倍以上，亮度比一般的一个星系总的亮度还大，它在几个月内释放的能量，比得上太阳在10亿年里释放的能量的总和！

超新星 "生前" 质量 ＞ 10 倍太阳质量

超新星

为什么会发生超新星爆发呢？主序带中的恒星是稳定的，而当恒星进入老年时期的时候，恒星的反应停止，所有的物质开始向恒星的内部塌缩，恒星的密度随之增加。

当到了一定的程度，会发生一种叫"核反弹"的现象，向外反弹的物质和向内塌缩的物质撞到一起，就会发生剧烈的爆炸！科学家发现，能够发生超新星爆发的恒星质量都要大于10倍的太阳质量，所以太阳几乎不会发生超新星爆发。

早在公元185年，我国的天文学家就已经观测到了超新星爆发现象并且记录了下来。现代天文学上第一个研究超新星的人是天文学家第谷。第谷是生活在16世纪的丹麦天文学家，他在天文台里进行过长时间的天文观测，也取得了很多的成就。1572年，第谷发现了一颗突然出现的星星，最亮的时候甚至比金星还要亮，大约两年后，这颗星星又暗到无法被肉眼观测到。这个发现推翻了当时欧洲普遍认为天空不变的观点，这颗超新星则被命名为"第谷超新星"。

超新星爆发之后，剩余的物质会由于万有引力的作用积压在一起，这个积压的力量太大了，甚至连原子都会被挤碎，只留下原子内部紧紧贴在一起的中子，形成中子星。一颗中子星的质量可能只比太阳的质量大一点，但是它的直径只有 10 ~ 20 千米，甚至比城市还要小。你可以想象这样一种神奇物质，把它放在汤勺里都装不满，但是质量却有 1 亿吨，比1000 栋大楼加起来的质量还大。

中子星的自转速度非常快，几秒，甚至是不到百分之一秒，它就会转一圈，是不是很神奇呢？有的中子星具有强大的磁场，由于它们的旋转非常迅速，会像发出激光一样喷射出高能辐射束，如果这些高能辐射照在地球上，我们就会收到它的信号，这种中子星被称为脉冲星。

中子星

对中子星的研究，最著名的科学家当属**奥本海默**。奥本海默是 20 世纪的美国物理学家，他领导了美国的原子弹计划，制造出了世界上第一颗原子弹，所以他被称为"原子弹之父"。1939 年，科学家还不知道中子星的存在，而奥本海默和他的同事通过计算，建立了第一个中子星的物理模型。

奥本海默还发现，恒星的质量有一个界限，超过了这个界限的恒星就不会变成中子星，而会变成黑洞，这就是奥本海默极限。

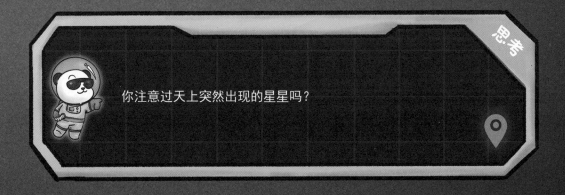

思考

你注意过天上突然出现的星星吗？

当恒星们演化到最终阶段，可能会迎来不同的结局。通过现代天文学可以知道，如果一颗恒星的质量小于10倍太阳质量，它最终会变成一种密度非常高的天体，我们称之为**白矮星**。太阳最终就会变成一颗白矮星，这个时候的太阳，虽然质量和原来的差不多，但是体积却和地球一样大。白矮星无法再进行任何核反应，不会释放新的能量，但是由于它在形成的时候温度还是很高的，就像被火焰烤热的金属，因此炽热的白矮星也会发光。随着白矮星温度的降低，它发出的光越来越少，最后变成冰冷的黑矮星。

白矮星"生前"质量 < 10倍太阳质量

白矮星与地球大小对比

据分析，白矮星变成黑矮星的时间要很久，甚至比目前宇宙的年龄还要长。

关于白矮星的研究，最著名的科学家一定是钱德拉塞卡，钱德拉塞卡出生在印度，后来在英国的剑桥大学深造。在从印度乘船去往英国的途中，他计算出了恒星演变成白矮星的质量上限，如果超过这个上限，恒星就不会形成白矮星，而会变成中子星或者黑洞。现在我们把这个质量上限叫钱德拉塞卡极限。钱德拉塞卡做了很多关于白矮星的研究，可是他的研究遭到了天文学家爱丁顿的抵制，这让钱德拉塞卡放弃了自己的研究。后来，他的研究被证明是正确的，还因此获得了诺贝尔奖。

十分有名的白矮星是天狼星 B，也是离我们最近的白矮星，距离我们只有 8.6 光年左右。它的质量比太阳小一点儿，半径却不到太阳的百分之一。

天狼星 B 和天狼星 A 组成了"双星"系统，什么是双星呢？当我们望向星空的时候，很容易就会看到离得很近的两颗星星，但是这两颗星星中很有可能一颗离我们很近、另一颗离我们很远，它们之间的距离非常远。可是，天文学家也发现，宇宙中真的有很多星星两两成对、互相环绕，这样的天体组合被称为双星。双星中较亮的那一颗叫主星，较暗的叫伴星。

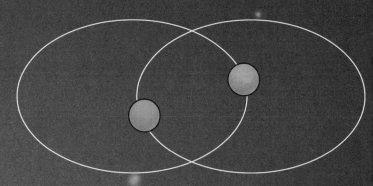

天狼星就属于双星，它的主星叫作天狼星 A，是一颗蓝白色的主序星，伴星天狼星 B 是一颗白矮星，这两颗星星相距大约 30 亿千米，50 年互相环绕一圈。虽然双星中的两颗星星之间的距离不算近，但是整个系统离我们太远了，我们的眼睛很难区分它们，所以一直以为它们只是一颗星星。随着天文望远镜的进步和研究方法的发展，现在天文学家有了更多的办法来发现双星。

大名鼎鼎的科学家、发明家**罗伯特·胡克**率先发现了双星，他出生于 17 世纪的英国，和牛顿是同一个时代的科学家，在物理学领域，他提出了著名的胡克定律，设计和制造了真空泵、显微镜和望远镜，就连细胞这个词也是由他最先提出的。1673 年，罗伯特·胡克设计、制造了一种望远镜，通过这种望远镜，他发现了火星的自转、木星的大红斑，还首次发现了宇宙中的双星。

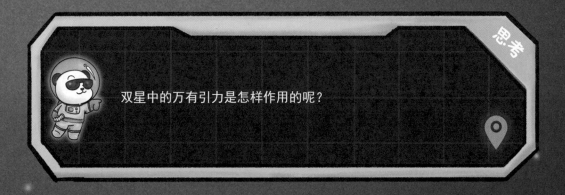

思考

双星中的万有引力是怎样作用的呢？

2022 年 5 月，一张银河系中心的黑洞照片首次面世，引起了人们的无尽遐想。但黑洞可不是洞，并没有连接宇宙中的其他地方，它和恒星、白矮星、中子星一样，也是一种天体。你一定见过这样的黑洞照片（见下图），其中圆圆的、黑黑的东西是不是就是黑洞了呢？

这是黑洞吗？

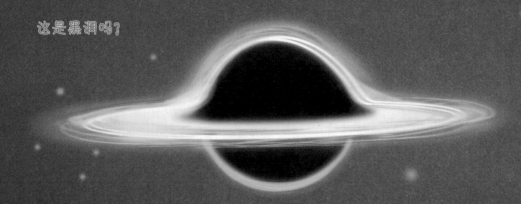

严格来说不是，根据爱因斯坦的广义相对论，任何有质量的物体，例如太阳、地球和屏幕前的你，都会扭曲周围的时空，不过我们的质量太小了，很难感受到这种时空的扭曲。而黑洞就不一样了，它的质量可能是太阳的几倍或者几十倍，体积却是无限小的，它会将时空扭曲得特别厉害。

时空扭曲了会有什么影响呢？想一想，如果你把水洒在桌面上，水很难自己流动，因为桌面是平的，而你家卫生间的洗脸池是扭曲的，这样水就会自然向中间的洞流去。黑洞就是这样的"大洗脸池"，它周围的物体都会被它吸进去，甚至连光都会被吸进去。如果一个东西可以把它周围的光都吸进去，你想想它会是什么样的，是不是就是黑色的大球？黑洞就是这样的天体，现在我们知道，质量大于太阳几十倍或者上百倍的恒星，最后都会变成黑洞。

黑洞"生前"质量 > 数十倍的太阳质量

黑洞最终会变成什么样呢？早先，科学家以为黑洞只会不断吞噬周围的物质，并不会"死亡"。

而有位赫赫有名的科学家却提出了黑洞的消失理论，他就是**霍金**，你或许听说过他，他的事迹和科普著作《时间简史》实在是太有名气了。霍金出生在 20 世纪的英国牛津，17 岁时进入牛津大学，随后在剑桥大学学习宇宙学。21 岁的时候，他患上了肌萎缩侧索硬化症，导致他全身瘫痪，只有 3 根手指可以活动。但是这从来没有挡住他探索宇宙的步伐。

身体虽不能动，探索却从未停止

在当时，物理学全新的两大基础——相对论和量子力学——水火不容，霍金却能推动两个理论走向统一，还结合两个理论，提出了黑洞蒸发理论。这个理论指出，黑洞其实是可以向外发出辐射的，这个辐射会让黑洞失去质量，逐渐缩小，直至最终消失。

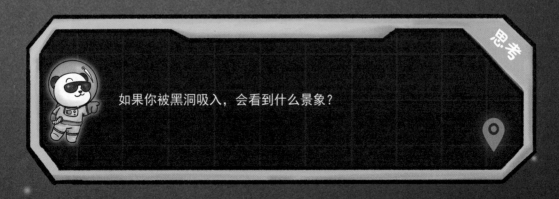

思考

如果你被黑洞吸入，会看到什么景象？

冬季的夜晚，当你凝望金牛座的时候，会发现天空中有一小块区域，密密麻麻聚集了很多星星，如果你的眼力够好，大约可以看到 6 ~ 8 颗比较明亮的星星，我国古人给它起名为昴星团。据说，军队在招收新成员的时候，会让他们观察昴星团，通过观察到的星星数量来衡量士兵的视力。昴星团是个什么天体呢？宇宙之中的恒星，除了像太阳这种没有和其他恒星一起"跳舞"的单星、互相环绕的双星，还有很多三五成群的恒星，它们聚在一起组成了联盟，如果恒星的数量超过 10 个，就被称为**星团**。银河系里有非常多的星团，大一点的星团里有几十万甚至几百万颗星星呢！

不规则的星团

星团主要有两种，像昴星团这种形状不规则、结构很松散的星团叫疏散星团，除了昴星团，还有 M6、M35、M41 等。另一种由非常密集的恒星聚在一起形成的星团，它们会形成像大球一样的结构，所以叫球状星团。球状星团的成员数量比疏散星团的多，能有几百万颗呢！像 M4、M3，都是球状星团。

刚才说的 M 加上数字是天文学家给天体的编号，虽然他们很早就发现了星团，但是一直没有做过系统的观察、整理。18 世纪，很多天文学家热衷于寻找彗星，他们发现像星团这种天体，很容易会被误认为是彗星。

为了减少麻烦，法国天文学家查尔斯·梅西耶整理了一个天体列表，把天空中的星云和星系都记录下来，这就是著名的《**梅西耶星团星云列表**》。这个列表记录了 110 个天体，用梅西耶名字的首字母 M 加上 1 到 110 的编号来给这些天体命名，其中有 59 个天体是星团。

除了聚集成团以外，恒星的亮度也会发生变化，这种恒星叫**变星**。英仙座中的大陵五是人类最早发现的一颗变星，为什么它的亮度会变化呢？

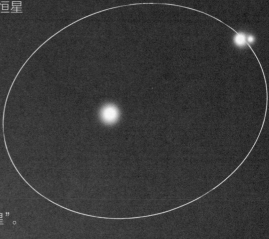

原因很简单，因为大陵五其实是一个三合星系统，有 3 颗星星互相围绕旋转，当暗一点的伴星挡住主星的时候，我们看到的大陵五亮度就降低了。英仙座之名来自古希腊神话里的大英雄珀耳修斯，传说中他杀死了蛇发女妖美杜莎，而忽明忽暗的大陵五，就被视为美杜莎的眼睛，它被人们称作"恶魔之星"。

除了像大陵五这种被伴星遮挡影响亮度的变星，宇宙中还存在自身不断膨胀和收缩的脉动变星、表面发生激烈活动的爆发变星、双星中由于物质流动产生爆发的激变伴星和由于热核爆炸而爆发的灾变变星等。至今，天文学家一共发现了 3 万多颗变星。

在 19 世纪下半叶的美国，有一位女性天文学家，叫亨丽埃塔·莱维特。24 岁的时候，她因为一场疾病失去了听力。19 世纪末期，哈佛大学天文台需要招募一批工作人员处理感光底片，对它们进行测量和分类，这份工作的工作量很大，但是对专业水平要求不高，工作人员能够做到细心、准确就好，所以他们招募了一批聋哑女性，这其中就有莱维特。莱维特在工作过程中发现，一些变星亮度变化的周期越长，亮度变化的幅度就越大。这个发现非常重要！

我们可以很容易测量出变星亮度变化的周期，有了这个规律，天文学家就可以反推出这颗变星的亮度，这样就可以计算它离我们的距离了。美国天文学家哈勃利用这个规律，确认了第一个银河系以外的星系，从此人类对宇宙的认识扩展到了银河系之外。为纪念莱维特，第 5383 号小行星以及月球表面的一座环形山都以她的名字命名。她更被誉为"现代宇宙学之母"。

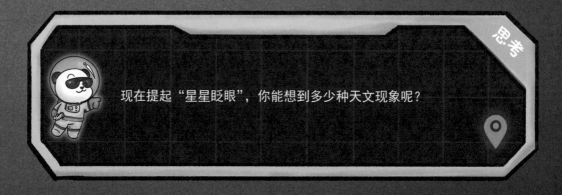

思考

现在提起"星星眨眼"，你能想到多少种天文现象呢？

嗨！42号考察员，除了日月星辰，宇宙中还有很多黯淡的天体，我们或许只能看到它们某些闪光的时刻。

第 6 章

行星和小天体

6.1
行星档案簿

在浩瀚无垠的宇宙里，有这样一群"小家伙"，它们不会发光，每天的工作就是绕着一颗会发光的恒星转。天文学家给这群好动的小家伙起了个有趣的名字——**行星**。

我们居住的地球就是一颗行星，它不能发光，不停地围绕太阳转。但它一点儿也不孤单，因为除了它，还有 7 颗行星也在不同的轨道上同时围绕太阳转。

太阳系行星示意图

这些行星是谁呢？离太阳最近的是水星，然后是金星，再者是地球。接下来，依次是火星、木星、土星、天王星和海王星。太阳系里的 8 颗行星大小不同，颜色也不一样。有的行星主要由坚固的岩石构成，比如水星、金星、地球和火星，因此被称为岩石行星；有的行星看上去就像一团气体，比如木星和土星，它们被称为气态巨行星；还有的行星像被气体包裹着的大冰球，因为有层"冰质"表面，也被称为冰巨行星，比如**天王星和海王星**。

是不是只有太阳系才有行星呢？当然不是。虽然我们没办法通过天文望远镜直接看到太阳系外的行星，但天文学家经过观测、计算等方式，截止到 2022 年已经发现了 5000 多颗太阳系外的行星。

说到行星的运动，不得不提一位非常伟大的天文学家、数学家，他就是来自德国的约翰内斯·开普勒。在很久以前，人们以为地球是宇宙的中心，行星围绕地球转。但渐渐地，一些科学家发现事实并非如此，行星应该是绕着太阳转的，但大家找不到证据来推翻以前的说法。就在人们一筹莫展的时候，开普勒找到了答案。

行星的运动轨迹为椭圆形

开普勒出生于 1572 年，是 17 世纪科学革命的关键人物。他通过严谨的计算发现行星围绕太阳转动的轨迹不是正圆形而是椭圆形、行星运动速度会发生变化等，进而提出了非常有名的**"开普勒三大定律"**。他的发现不仅证明了地球不是宇宙的中心，同时为我们揭开了行星运动的奥秘。

开普勒三定律（后有修订）
①椭圆定律：所有行星绕太阳的轨道都是椭圆，太阳在椭圆的一个焦点上。
②面积定律：行星和太阳的连线在相等的时间间隔内扫过的面积相等。
③调和定律：所有行星绕太阳一周的时间的平方与它们轨道半长轴的立方成比例。

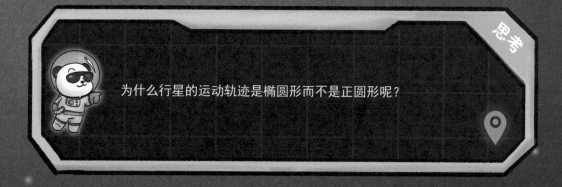

思考

为什么行星的运动轨迹是椭圆形而不是正圆形呢？

6.2
类地行星

地球是我们赖以生存的家园，不过浩瀚的宇宙中还有很多星球，未来我们可以到其他星球旅游和居住吗？

我们先来看看太阳系里的邻居们。八大行星中离太阳**最近**的是水星，其次是金星。金星、火星是地球的两个近邻，它们虽然和地球是邻居，但性格差异很大。地球气候宜人，但金星和火星一个太冷、一个太热，有趣的是，冷的那个叫火星，热的那个叫金星。另外，还有个没有水的星球叫水星。

我们和你想的不一样

金星是距离地球最近的行星，古时候人们称它为长庚星、启明星、太白金星等。在晴朗的夜晚，人们可以看到它，它是太阳系中除太阳和月亮外最亮的星球。金星表面没有水，连空气中也没有水存在，但大气中含有大量的二氧化碳，地表温度超过 460℃，大气压约是地球的 90 倍，相当于地球海洋中 900 米深处的压力。

火星是地球的另一个邻居，也是八大行星中第二小的行星，直径只有地球的一半，上面沙石遍布，整颗星球表面呈锈红色，因此被称为"火星"。因为它是红色的，闪闪发亮，并且亮度经常不同，让人感到迷惑，因此在古代也叫"荧惑"。火星的运行轨道呈椭圆形，在有光照的地方，近日点和远日点间的温差可达 160℃，平均温度大约为 -55℃。相比于水星、金星恶劣的环境，火星要好很多。

火星是八大行星中最适合移民的。

太阳系八大行星中，水星是最小的一个，也是运动速度最快的一个。因为距离太阳近，能充分吸收太阳光，面向太阳的一面，温度高达 400℃，足可以把金属锡、铅熔化；背对太阳的一面，温度低至 -173℃，真是冰火两重天。水星上不仅没水，就连大气也十分稀薄，大气压大约只有地球的 5000 亿分之一。

火星是目前太阳系中除了地球外最适合人类移民的星球。马斯克的火星移民计划是在2015 年提出并实施的，代号"火星一号"。虽然到现在这个计划尚未实现，但马克斯之名依旧响彻全球。2018 年"猎鹰"运载火箭成功发射。2022 年 3 月，马斯克对自己旗下研发的载人飞船同年进入火星轨道十分自信，并预测 2029 年人类将登陆火星。

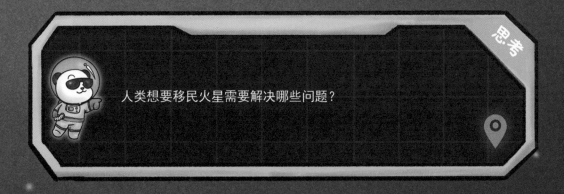

思考

人类想要移民火星需要解决哪些问题？

6.3 木星和土星

木星是太阳系中最大的行星，到底有多大呢？就算把太阳系其他行星都加在一起，其质量之和抵不上木星的质量。实际上，其他行星的质量之和乘以 2 的结果，才和木星的质量差不多。如果把地球比作一颗小葡萄，那么木星相当于一个大柚子。

木星质量 ≈ 太阳系其他行星质量之和 ×2

从某些角度看，木星更像一颗恒星，它拥有 75 颗卫星，也有自己的小型"太阳系"。木星平均直径达 14 万千米，表面温度为 −150℃ 左右。木星是**气态巨行星**，因为它主要由气体组成，没有固态表面。这颗星球的表面色彩斑斓，明亮的红、橙、黄、褐等彩色图案来自硫和磷两种化学元素。

土星和木星是邻居。土星是太阳系中第二大行星，直径约为 12 万千米，土星表面温度约为 −180℃。和木星一样，土

木星和地球对比

星也是一颗气态巨行星，土星被岩石和尘埃组成的"环"围绕，土星环又宽又亮，距离土星超过 42 万千米。科学家猜测，土星环是途经的彗星撞上卫星后产生的碎片。土星的自转速度非常快，这使它的赤道处产生了明显的隆起。

土星拥有 82 颗卫星，其中土卫三、土卫四、土卫五和土卫八这 4 颗卫星都是意大利天文学家卡西尼发现的。此外，卡西尼还发现了土星环之间最大的缝隙，被命名为卡西尼环缝。这个缝隙宽约 4800 千米，环之间的缝隙由土星的卫星引力造成。从地球上观测可以辨认土星的 3 个环：一个外环，两个内环。外环和内环被卡西尼环缝隔开。

卡西尼是 17 世纪著名的天文学家，1625 年生于意大利，后来加入了法国国籍。他是一位才华出众的观测家，非常善于用早期的望远镜观察天象，有许多著名的发现。他测量了在金星、火星和木星上一天的长度，即它们自转一周所需的时间。他发现了火星上的冰盖和木星上的大红斑，还给月球绘制了地图，并用三角测距法估算了地球与太阳、地球与火星之间的距离。不过卡西尼最著名的发现还是关于土星的。借助望远镜，他发现了土星的 4 颗天然卫星。

有环的土星

1675 年，他发现土星光环中间有条大的缝隙，这就是后来以他的名字命名的卡西尼环缝。他猜测，土星的光环应该由无数小环构成，而不是当时大多数人认为的一个大的实心盘。后来人们对土星的分光观测证实了他的猜测。"卡西尼"号航天器就安全地穿过了它。

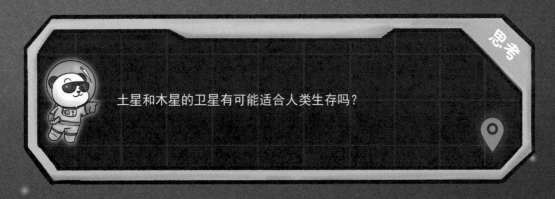

思考

土星和木星的卫星有可能适合人类生存吗？

6.4 土星的宝石项链：光环

你听说过长耳朵的星星吗？

1610 年，科学家伽利略通过望远镜发现土星居然长着两只"耳朵"，更奇怪的是，两年后，伽利略发现土星的"耳朵"消失了。那会不会是他一开始看错了呢？不，到了 1616 年，当伽利略又一次望向土星时，他发现"耳朵"又回来了。

其实，伽利略看到的根本就不是什么"耳朵"，而是一条"光环"，它环绕在土星周围，就像是土星的一条美丽的"项链"。这条"项链"的尺寸可能会吓你一跳，它足足有 20 多万千米宽，厚度却不到宽度的万分之一，就是一个薄薄的大圆环。当然，就像银河并不是水波荡漾的真正的河一样，光环也不是薄而平滑的真圆环，它其实是由大量的**石头**、**冰块和尘埃**组成的，这些东西都处于不停的运动中。

为什么伽利略有时看得到光环，有时却看不到呢？听熊猫君说到这儿，聪明的你说不定已经猜到了答案。土星和地球都以不同的速度围绕太阳运行，土星和地球的相对位置也一直在变化。对于地球上的观测者来说，有时候光环的环面大部分都能被看到，只是随着相对角度的不同，光环有时候看起来宽，有时候看起来窄。每当光环恰好侧对着地球的时候，从地球上观测，就只能看到一条细线。

伽利略使用的望远镜分辨率不够高，所以会把光环的环面看成"耳朵"，当然更看不见这条细线，才会以为"耳朵"消失了。土星围绕太阳运行一周，大约需要 29.5 年。在这个周期中，光环会两次侧对着地球。也就是说，每隔 15 年左右，地球上的我们能看到土星的光环变成了一条细线。在太阳系中，土星并不是唯一戴"项链"的行星。天文学家已经发现，木星、天王星、海王星都有"项链"，只是它们都不如土星的"项链"看上去那么壮观。

土星公转周期 ≈ 29.5 年

那么，究竟是谁第一个"看清"了土星的光环，解决了伽利略的疑惑呢？

17 世纪，物理学家克里斯蒂安·惠更斯和哥哥花了大量的精力磨制望远镜的透镜，他们的努力终于让望远镜有了前所未有的精度。惠更斯用自己改良后的望远镜观测土星，发现了土星最大的卫星——**土卫六**，还辨识出了围绕着土星的光环。他成了第一个正确地用"圆盘形状"描述土星光环的人。

2005 年，人类的探测器第一次登陆了土卫六，成功传回了数据。为了纪念惠更斯的贡献，这个探测器被命名为"惠更斯号"。

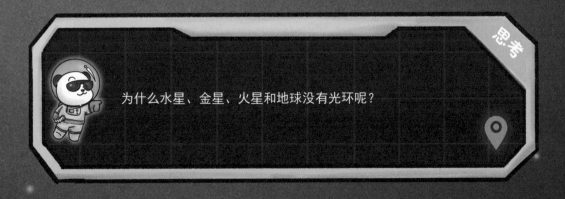

思考

为什么水星、金星、火星和地球没有光环呢？

6.5
双胞胎蓝胖子：天王星和海王星

如果把太阳系大家族中的 8 颗行星按离太阳的距离由近到远排成一排，你会发现有两颗行星很亲密，它俩排在最末尾，都是蓝色的，大小也差不多，看起来像一对双胞胎。这对好兄弟比地球看起来胖一些，哥哥叫天王星，弟弟叫海王星。

天王星

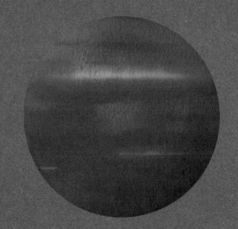

海王星

天王星比海王星大一些，从太阳系由内往外数，它是第七颗大行星。天王星有个特别的地方，别的行星基本上都是斜着身体绕太阳转圈，它就不一样了，差不多直接躺着绕太阳转圈。就是因为这个特点，天王星上的绝大多数地区，白天有 42 年那么长，然后便迎来长达 42 年的黑夜。

海王星是离太阳**最远**的行星，因为离太阳太远了，太阳的光和热到达海王星时已经非常弱了，所以平均而言，海王星是太阳系里最冷的行星，但海王星又是一颗非常"活泼"的行星。

为什么这么说呢？因为海王星上面的风非常强，风速可以到达 2100 千米 / 小时。这个风速要在地球上，能在一小时里把你从北京吹到广州，这可比坐飞机快得多！而地球上目前发现的最强风速只有 400 多千米 / 小时，比高铁的速度快一些。

海王星上的风速可达 2100 千米 / 小时

天王星和海王星不仅长得像，它们在被人们发现的过程中也命运相连。人们发现了天王星之后，也发现它的运行总会受到什么东西的干扰。法国天文学家勒威耶推测天王星附近还有一颗未知的行星，是它在干扰天王星的运行。随后他收集了大量的数据，去推算这颗未知的行星到底在哪里。

幸运的是，最后还真被他算出来了。后来他说服柏林天文台的科学家按照这个推算去观测，真的观测到了这颗"假想中"的行星，它离勒威耶推算出的位置非常近。人们叫它海王星，它是唯一一颗通过计算预测发现的行星。

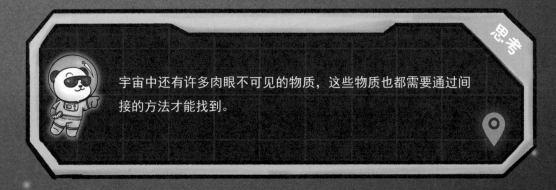

思考

宇宙中还有许多肉眼不可见的物质，这些物质也都需要通过间接的方法才能找到。

6.6
行星守卫者：卫星

在茫茫的宇宙之中，有一颗星球一直在默默守护着我们。你一定猜到了，它就是月球。

我们知道"地球围绕太阳转，月球围绕地球转"。月球不停地围绕地球转动，就像忠诚的卫兵，守护着我们。科学家把像月球这样围绕行星旋转的天体称为天然卫星。对了，月球是地球唯一的天然卫星哦！

只有地球才拥有自己的卫星吗？答案当然是否定的。太阳系中并不是只有地球有自己的卫星，除了水星和金星外，其他行星都拥有自己的卫星，有的数量还很庞大。比如土星，截至 2019 年，天文学家已经发现了超过 80 颗土星卫星，可以说是一大家子。太阳系里的卫星形态各异，目前已知的太阳系里最大的卫星是木卫三，它比水星都大。

木星的大家庭

除了天然卫星外，还有一些人类制造的航天器也在围绕行星不停地转动，它们就是人造卫星。人造卫星能够帮我们做很多事情，比如通信卫星能够把信号传送到更远的地方，气象卫星能够帮助我们更精确地预测天气变化。

人造卫星

谈到地球的卫星——月球，我想到了历史上唯一一位埋葬在月球上的人，他叫尤金·休梅克，是美国的一位地质学家。小时候，他喜欢搜集地球上各种各样的石头；长大后，他开始关注来自太空中的各种陨石。他曾推测出巴林杰陨石坑的形成原因，证明了陨石撞击地表的可能。

休梅克向往浩瀚的宇宙，他希望亲自踏上月球进行考察，但由于身体原因最终未能实现这个梦想。但休梅克并没有放弃，他把自己的目光转向了"陨石坑的肇事者们"——小行星和彗星。经过不懈的努力，休梅克夫妇和一位天文学家在 1994 年发现了一颗不寻常的彗星，人类因此第一次见证了彗星撞行星的奇观。但很不幸的是，休梅克在一次外出研究时发生了车祸，悄然离世。为了纪念他，1998 年"月球勘探者号"带着他的骨灰飞向月球，实现了他曾经的梦想。

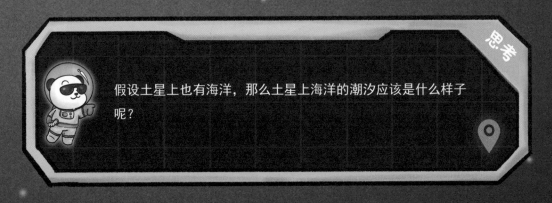

思考

假设土星上也有海洋，那么土星上海洋的潮汐应该是什么样子呢？

6.7 被除名的冥王星

太阳系中有一颗星星的命运非常曲折，它曾经是太阳系九大行星中的一员，但后来被科学家从太阳系的"行星家庭"除名了，它就是冥王星。

自从冥王星被行星家庭开除后，太阳系就只有八大行星了，而冥王星被划分成矮行星。为什么冥王星刚开始属于行星家庭，后来又被除名了呢？原来，刚开始发现冥王星的时候，只能通过一些数据推算出冥王星的质量，经推算，它的质量和地球质量差不多，这么看它可是很大的一颗行星啊！而且冥王星也绕着太阳转动，又和其他行星一样是球体，也就是说在很多方面，它和太阳系已知的 8 颗行星非常相似，所以被划到了行星家庭里。

冥王星质量 ≈ 地球质量的 1/500

后来，科学家发现了冥王星的一颗卫星，这时候就有更准确的方法算出冥王星的质量了。这一算可不得了，他们发现冥王星的质量只有地球的 500 分之一，这也太小了吧！比另外八大行星都小很多。其他行星都能靠自己的引力清理轨道附近的其他天体，但是冥王星不行。

识破冥王星的真面目后，科学家发现冥王星和另外八大行星的差别太大了，而且太阳系有很多冥王星这样的星星！如果冥王星算是行星家庭的成员，那么其他行星也应该算进去，这样可就乱套了。所以在 2006 年，国际天文学联合会决定把冥王星踢出太阳系，把它划分成矮行星。

不要你了

什么是矮行星呢？在太阳系中，有一些天体的质量比较大，也绕着太阳转圈，有足够的引力能让自己变成球体，但是没办法清除自己轨道附近的其他小天体，这一类天体就被称为**矮行星**。冥王星就是一颗典型的矮行星。

冥王星被天文学家发现的过程也很曲折，在很久之前，一些天文学家通过各种数据推测海王星的轨道外侧还有一颗行星，但是一直没有观测到。直到 1929 年，美国天文学家克莱德·威廉·汤博开始着手收集资料并观测，他系统地拍摄了很多张夜空照片，仔细分析了每张照片中天体的外观和位置有什么变化。

经过一年的搜索，也就是在 1930 年，汤博终于发现了一颗天体，它就是冥王星。

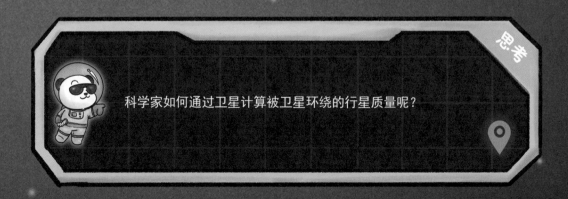

思考

科学家如何通过卫星计算被卫星环绕的行星质量呢？

6.8
潜在的危机：小行星

你想象过世界末日吗？ 2019 年我们的地球就险些被"毁灭"，危胁来自一种天体——小行星。

太阳系里有一类天体，它们也和行星一样绕着太阳转，不过个头儿比行星，甚至比矮行星要小很多，质量也要小很多，它们就是小行星。小行星就像地上的石头，有各种各样的形状。太阳系里的小行星可太多了，现在科学家几乎每个月都能发现几千颗小行星，这些小行星运行的轨道各不相同，说不定哪天就有小行星飞向地球，和地球相撞。

刚刚提到的世界末日就和一颗小行星有关。2019 年有一颗小行星和地球擦肩而过，差一点儿就撞到地球上了。直到它临近地球的前一天，天文台和宇航局的工作人员才发现它，人们叫它 2019OK。

小行星撞击

还好这颗小行星没有撞上地球，不然地球上会出现难以想象的灾难，说不定人类都会灭绝。根据科学家推测，恐龙的灭绝就和小行星撞击地球有密切的关系。大约在 6500 万年前，有一颗小行星撞在地球上，导致地球上出现很多灰尘，灰尘遮住了天空，挡住了阳光，所以很多植物和动物都在这时候死去了，恐龙也就此走向衰亡。

虽然小行星可能会撞击地球，但一般小一些的小行星进入地球大气层后，在与大气层摩擦的过程中会变小，或者爆炸，最后落到地球上时的杀伤力就小了很多，一般不会造成大危害。

火星和木星之间有一个小行星带，这里是小行星十分密集的地方，绝大部分已经被命名、编号的小行星都在这里。不过，太阳系中还有另一个地方也有大量小行星，那就是柯伊伯带。

小行星带

很早以前就有人推测，海王星的外围有一大片区域，那里有很多天体，但一直没有人证实，直到后来，一位叫作杰拉德·柯伊伯的天文学家证实了，所以这个区域就用他的名字命名，叫柯伊伯带。柯伊伯从小就很喜欢天文学，据说他有个特异功能：能看到别人看不到的一些星星。后来柯伊伯从事了天文学相关的工作，他不仅发现了柯伊伯带，还发现了天卫五和海卫二两颗卫星。

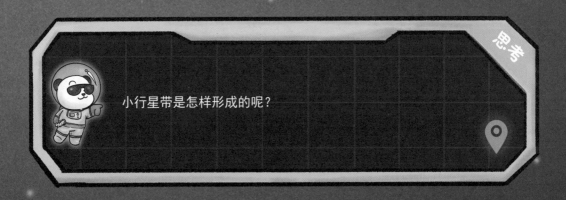

思考

小行星带是怎样形成的呢？

6.9
太阳系漫游者：彗星

你见过长"尾巴"的星星吗？对，就是**彗星**！彗星常被人们称为扫把星，它在天空中划过时，后边跟着一条长长的"尾巴"。一直以来，人们对神奇的彗星有很多想象，彗星为什么是这样子的？它到底是由什么物质组成的呢？

现在，科学家认为彗星分为彗核、彗发和彗尾 3 部分。彗核主要由松散的冰、尘埃和小型岩石构成，直径比较小，有几千米到十几千米，最小的只有几百米。彗核就像是脏脏的冰球，当它接近太阳时，由于温度升高，彗核上的物质会变成气态，并且会有非常多的尘埃颗粒包裹住彗核，这就是彗发；同时，在太阳辐射和太阳风的作用下，这些物质会被吹出彗核，形成一条长长的轨迹，这就是彗尾，也就是我们说的彗星的"尾巴"。

彗星分为彗核、彗发和彗尾。

每年都有很多的彗星进入太阳系，它们会在太阳系转一圈再飞走，但我们用肉眼很难看见它们。这是因为彗星本身不会发光，要靠着反射太阳光才能被人们看到。

一般的彗星都很暗，肉眼很难观察到，通常只有用天文仪器才可以观测到。不过也有一些彗星在太阳的照射下非常明亮，而且拖着长长的尾巴，我们能够较为容易地看见它们，这种彗星被称为大彗星。

其中，最著名的大彗星就是**哈雷彗星**！哈雷彗星是第一颗被确认周期的彗星，它每隔75 ~ 76 年就会出现。人的一生中有机会看见两次哈雷彗星，而其他的肉眼可见的大彗星，可能要几百年甚至上千年才会出现一次。

哈雷与彗星

哈雷彗星是以英国著名天文学家埃德蒙·哈雷的名字命名的，在他生活的那个时代，还没有人知道彗星会定期出现。哈雷查阅了非常多的关于彗星出现的记录、资料，并经过自己长时间的计算，终于在 1705 年发表了论文，表示 1456 年、1531 年、1607 年和 1682 年出现的彗星其实是同一颗彗星，并且预言这颗彗星会在 1758 年再次出现。

在 1758 年，一位天文学家真的观测到了这颗大彗星，而这时哈雷已经去世 17 年了，哈雷在 50 年前的预言最终得到了证实。后来，人们为了纪念他，便把这颗彗星命名为哈雷彗星。

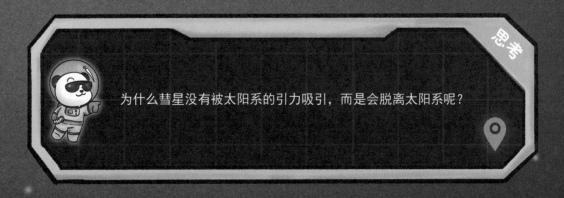

思考

为什么彗星没有被太阳系的引力吸引，而是会脱离太阳系呢？

6.10
流星和陨石

在天气晴朗的夜晚，如果你一直抬头仰望夜空，有时会发现有一道光划破夜空，一闪而过，这有可能就是**流星**。

如果天空中的流星非常多，而且它们都是从一个点"发射"出来的，我们把这称为流星雨，其中比较出名的是英仙座流星雨和狮子座流星雨。在高峰时期，狮子座流星雨每小时会出现近千颗流星，非常壮观和漂亮。而且在流星雨过后，会出现一股寻找陨石的热潮，这是为什么呢？流星和陨石有什么关系？

流星的最快飞行速度可达 70 千米／秒

其实，流星体都是散布在地球之外的尘埃粒子或者固体块。当这些物质靠近地球时，会被地球的强大引力吸引，朝地球飞过来，而且它们的飞行速度非常快，可达 70 千米/秒左右，是高速公路上小汽车速度的 3000 多倍。因为有这么快的速度，当它们经过地球的大气层时，会和大气层强烈地摩擦，产生大量的热，发出很亮的光，让我们看见。

大部分尘埃或者固体块在穿越大气层时，会完全燃烧，但是也有一些体积比较大的固体块没有燃烧完，得以穿过大气层，最后落在地面上，变成人们所说的陨石。所以流星雨过后，地面上很可能会出现陨石，人们都喜欢去寻找陨石，希望能够捡到一块。

那么这些陨石是从哪里跑到地球上的呢？会不会是从遥远的星系飞过来的呢？

惠普尔是美国著名的天文学家，在哈佛大学天文台工作超过 70 年。在 1931 年，惠普尔进入哈佛大学天文台工作，他在这里进行流星轨道的研究。通过仔细地观测、研究，惠普尔发现流星体是外太空中的一些碎屑，它们在一定的轨道上飞行，而且它们的轨道会和地球运行的轨道交会。

捡到陨石算不上什么稀奇事

当这些碎屑靠近地球，被地球的引力"捕捉"后，就会向地球飞过来，形成流星或者陨石。而且惠普尔发现，这些碎屑并不是从太阳系之外飞过来的，而是本来就在太阳系里，它们可能是太阳系中的彗星或者小行星的碎片，也可能是月球或火星受到撞击后产生的碎片。

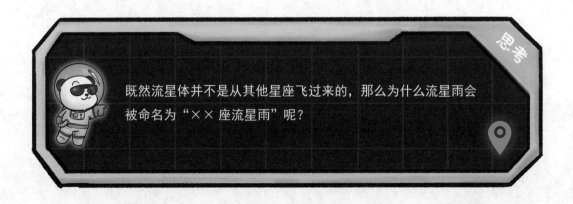

既然流星体并不是从其他星座飞过来的，那么为什么流星雨会被命名为"××座流星雨"呢？

嗨！42 号考察员，你喜欢蓝天白云吗？
无论心情多糟糕，只要抬头看看蓝天白云，
就能让心情变好。我们无比熟悉天穹上射
来的光，这些光中也蕴藏着许多奥秘。

第 7 章

千变万化的光

你所看到的蓝天，其实是地球大气层与太阳光相互作用产生的景象。空气是由非常多的、我们看不到的小分子组成的，当太阳升起来的时候，太阳光照在空气上，会被空气中的小分子向四面八方"弹"开，这种现象叫**散射**。神奇的是，不同的光线被散射的程度不一样。

你可以试着回忆太阳的颜色，白天的太阳是白色的或者微微发黄，而刚刚升起或者即将落下的太阳，颜色明显变红。显然太阳是不会变色的，帮助我们看到变色现象的，是地球上的大气层。美丽的彩虹就是太阳光被分散而呈现出的不同色彩。科学家发现，太阳光是由**红、橙、黄、绿、青、蓝、紫** 7 种颜色组成的，平时它们混合在一起，我们看到的是白色的太阳光。但是不同颜色的光线，穿透空气的本领是不同的，红光最强，传播距离最远。蓝光最弱，它最容易被空气中的小分子弹开，只能向四面八方飞去，这使我们的天空变成蓝色。

中午，太阳高高挂在天上，阳光直直地穿过大气层进入我们的眼睛。而在太阳刚刚从地平线上升起来，或者快要落下去的时候，情况就不一样了。这个时候进入我们眼睛里的阳光，需要穿透更厚的大气层。你想想，空气中的小分子会把蓝光弹走，阳光穿透的大气层更厚，是不是被散射掉的蓝色的光更多？甚至一部分青色、绿色的光也被散射掉了，只有红色、橙色、黄色的光穿过来，我们看到的太阳的颜色自然就更红。

1869 年，科学家约翰·廷德耳在做实验的时候，发现微粒散射出来的光带有淡淡的蓝色。他据此推测，类似的阳光散射使天空呈现出蓝色，但他无法解释为什么散射后呈现的光为蓝色，也无法解释大气层在其中的作用。两年后，瑞利勋爵发表了两篇关于光线颜色和大气层作用的论文，推导出这与大气层折射和光粒相关，补足了廷德耳的理论。只不过这时候，光波和电磁学相关的理论尚未被证实，瑞利的研究也只是一种假设。随着另一位科学家麦克斯韦开创电磁学，证明光、电、磁是同一现象的不同展现形式，光被归类为电磁波，瑞利的研究也取得了突破性进展。1900 年，科学界正式将这种散射现象命名为"瑞利散射"。

在夕阳西下之后，人们偶尔会见到一种神奇的现象：明明太阳已经落山，我们应该是看不到太阳的，可是观察员却看到了没有从地平线落下的太阳。

我们都知道，光是沿直线传播的，有遮挡物出现在你和光源之间时，你就无法看到光源，这个道理再简单不过了。我们可以看到落下去的太阳，难道是光线发生了弯曲？你沿着这个思路思考一下，什么情况下光线会弯曲呢？平时我们看到的光，往往都是在空气中穿行的，而我们游泳的时候看到水下的东西，光线就是在水中穿行了。科学家发现，不论是空气、水，还是其他光线可以穿行的物质，光线在其中都是沿着直线传播的。但是当光线从一种物质进入另一种物质的时候，光线就会转弯。这种现象被称为**折射**。

那夕阳的光线是不是发生了折射呢？虽然进入大气层的太阳光在进入你的眼睛之前，只穿过了空气，但是大气层中的空气可不太一样，它是不均匀的。海拔越低的地方，空气越厚，海拔越高的地方，空气越稀疏，对于光线来说，这也代表穿透了不同的物质，这个时候光线就会发生弯曲。因此，即便太阳实际已经落入地平线了，但是我们依然有可能看到太阳。折射还导致了许多其他的光学现象，如海市蜃楼。宋代科学家沈括的《梦溪笔谈》中有这样一段话，描述的是我国渤海南部蓬莱县的**海市蜃楼**："登州海中，时有云气，如宫室、台观、城堞、人物、车马、冠盖，历历可见。"

沈括是我国北宋时期卓越的科学家和地理学家，他博学多才，研究领域广泛。他提出的许多科学论断比西方学者早数百年。沈括通过研究大气物理现象，发现了大气折射的原理和彩虹的成因，认为"虹乃雨中日影也，日照雨则有之"，并批驳了当时关于海市蜃楼的迷信观点。他能根据观察和判断做出简单的天气预报，并提出"物候"随纬度高低、地形高度、生物品种和人类的活动而发生变化的一些理论。他创作的《梦溪笔谈》被认为是一部百科全书式的伟大著作并流传后世。

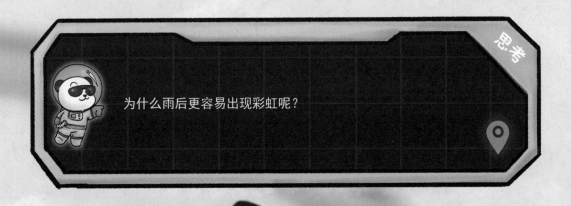

思考

为什么雨后更容易出现彩虹呢？

太阳光中包含7种颜色的光：红、橙、黄、绿、青、蓝、紫。它们混合在一起，就形成了我们眼中的阳光。其实，除了这七色光以外，阳光中还包含着大量其他的光，只是我们看不见而已。

光是一种电磁波，不同的光有不同的电磁波长。人类肉眼只能看见特定波长范围内的光，我们把这个范围内的光称为**"可见光"**，在生活中可以找到许多不同的"可见光"，比如灯光、烛光。而那些不可见的光，听起来似乎很神秘，但你可能也听过它们的名字，比如红外线、紫外线。如果我们把电磁波按波长从短到长排列，就能直观地看到：波长最短的是伽马射线，然后是伦琴射线，也就是常说的 X 光，排在 X 光后面的是紫外线；接着，就是我们熟悉的"可见光"范围，其中紫色光的波长是最短的，然后波长按照蓝、青、绿、黄、橙、红的顺序递增，波长最长的自然是红色光；比红色光的波长更长的是人类无法通过肉眼看见的红外线。比红外线波长更长的呢？还有微波和无线电波。

阳光可以被分解

当然，"可见光"这个概念只是针对人类而言的，很多动物都能看到人类肉眼无法看到的光。比如，驯鹿、"皮皮虾"、蜜蜂都能看到紫外线。某些在我们眼中平平无奇的花朵，其实花瓣上有着鲜明的紫外线图案，所以蜜蜂可以一下子就注意到这些花朵。所有的这些光，就像一群运动员，虽然身高、长相不一样，但是可以排成一个整齐的队伍，这个队伍被我们称为光谱。

1666 年，牛顿用玻璃做了一个三棱镜，在黑暗的房间里让一束阳光透过棱镜，结果白晃晃的阳光被分解成了 7 种颜色。原来，波长较短的紫色光折射率大，波长较长的红色光折射率小。阳光中波长不同的光照到三棱镜上，就折射出各种颜色。这就是著名的"棱镜光谱实验"。在牛顿之前，古人认为白光纯洁、均匀，是光的本色，彩色光都是白光的变种。而牛顿通过实验得出了全新的结论：白光是一种复合光，是可以被分解的。

太阳是天然**紫外线**最主要的来源，每一天太阳都在源源不断地向地球辐射大量的紫外线。它具有很高的能量，虽然你看不到它，但你肯定吃过它的苦头，比如皮肤被晒黑，甚至晒伤。所以，阳光非常强烈的时候应做好防晒措施。当然，紫外线也并不是一无是处，它可以被用来当作杀菌、消毒的好工具，还能用来辨别纸币的真伪。

红外线也是太阳光里的一种看不见的光，位于光谱上红色光的外侧。红外线会让人感到热，它具有热效应。事实上，任何物体都可以产生红外线，这意味着不仅我们在源源不断地向外释放红外线，冰块也在不停地向外释放红外线，只不过它们的能量不相同。

红外线的用途很广，比如遥控器中有红外线发射器，电视机上有红外线接收器，这样遥控器发出的指令就能传到电视机上，从而控制电视机。红外线还可用在军事、医学、天文学等领域，比如红外线望远镜可以用来观察宇宙，红外线夜视仪可以用来进行夜间观察。红外线这种看不见又摸不着的光，究竟是怎么被发现的呢？

1800 年，天文学家威廉·赫舍尔通过一个非常巧妙的实验发现了红外线。他先用三棱镜把太阳光分散开，形成一条彩虹光带，然后分别测量不同色光的温度，结果发现，从紫色光到红色光，温度在逐渐升高。可是，当他把温度计放在红色光外侧的地方时，温度居然在持续上升。就这样，威廉·赫舍尔得出结论，红色光的外侧存在我们看不见的光，它能使物体升温，就这样，"隐形"的红外线被人们"看见"了。

用三棱镜做一个分光实验吧！

7.3
外星来电：无线电波

如果有一天，我们可以和外星人远程通话，你觉得通话信号是通过什么传递过来的？

直接用嗓子去呼喊肯定无法实现，你的声音再大，隔壁小区的同学都不一定能听到，更别说遥远的外星人了。如果用电话线，那就得连接一条几十到几百光年的电话线，这太难实现了。

那能不能像手机通话或者视频通话那样，直接和外星人沟通呢？答案是能。那么，手机和无线网络是如何帮我们实现通信的呢？

当我们打开手机或电视机，听到优美的音乐或看到绚丽的图像时，你有没有想过这些音乐和图像是怎样从网络服务器或电视台传递给我们的？这就是**无线电波**的作用。无线电波可以在空气和真空中传播，人们通过在无线电波上加载信息，可以达到传递信息的目的。就像你在水面点出波纹，这个波纹可以在水面传播到很远的地方，无线电波也利用了类似的原理。网络服务器或电视台把音乐、图像等信息放在无线电波中发送出去，并在空间中传播，然后这些信息被手机或电视机所接收，播放出音乐和图像。

信号的传播

无线电波是电磁波的一种，当强大的高频电流通过电台天线发射时，会在天线周围产生高频振荡，这种振荡会向四面八方传播，同时把导线中高频电流的能量向外传输出去。无线电波虽然看不见、摸不着，但是它是我们生活中无处不在的一种能量形式。除了前面提到的手机、电视机外，还有电报、传真等，都是靠无线电波传播信息的。

麦克斯韦方程组 ↓

$$\oint_l H \cdot \mathrm{d}l = \iint_S J \cdot \mathrm{d}S + \iint_S \frac{\partial D}{\partial t} \cdot \mathrm{d}S$$

$$\oint_l E \cdot \mathrm{d}l = -\iint_S \frac{\partial B}{\partial t} \cdot \mathrm{d}S$$

$$\oint_S B \cdot \mathrm{d}S = 0$$

$$\oint_S D \cdot \mathrm{d}S = \iiint_V \rho \mathrm{d}V$$

我们现在可以随时随地使用手机通话和上网，这离不开科学家对电磁波的研究。科学家**麦克斯韦**巨大的贡献在于他确立了经典的电磁理论。1831 年，麦克斯韦生于苏格兰的爱丁堡，他从 24 岁开始研究电磁学，通过对各种电磁现象进行全面研究，他预言变化的电场和磁场会相互激发产生电磁波，而光就是一种电磁波。

这个预言后来得到了科学家赫兹的实验验证，也成了整个电磁场理论的基础。麦克斯韦凭借一己之力，把电学、磁学和光学统一了起来，我们现在使用的移动电话、Wi-Fi 网络，甚至微波炉和射电望远镜，都离不开麦克斯韦的贡献。

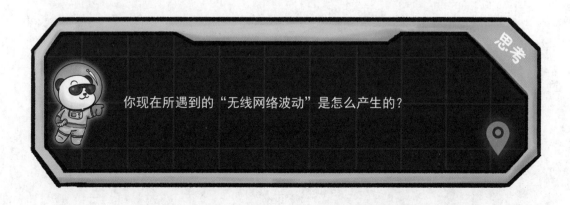

思考

你现在所遇到的"无线网络波动"是怎么产生的？

7.4
星星警示灯：视宁度和谱线

你一定听过《小星星》这首歌，其中有一句歌词是：一闪一闪亮晶晶。这首歌蕴含着很深奥的天文知识。你有没有想过，为什么我们看到的星星都是一闪一闪的呢？是这些星星本身在闪烁吗？还真不是，是我们的大气层让它们表现为在闪烁。

我们能看到星星，是因为这些星星发出的光穿过了广阔的宇宙进入我们的眼睛。当星光进入大气层的时候，会遇到一些有趣的事情。虽然我们看不出来，但是大气其实是一直在运动的。有的运动比较规律，有的运动却毫无规律。这其中有一种复杂的运动，叫**大气湍流**，就是它让我们看到的星星变得闪烁。

你可能会问，空气不是无色、透明的吗？为什么还会影响光线呢？确实，空气是无色、透明的，我们平时能看到物体，例如书本、家具、摩天大楼，都是因为它们发射的光线穿过空气进入我们的眼睛，这些光线没有发生改变。但是星光就不一样了，它要穿透厚厚的大气层进入我们的眼睛，很容易受到大气层的影响。因为大气湍流的存在，天空中经常刮起毫无规律的"风"，这样大气的密度就会发生变化，有的地方很挤，有的地方宽松一些，当光线穿过这么复杂的空气的时候，就会发生变化。

看不清是因为镜面脏了吗？

这就像我们看向清澈的湖底，当一只鱼儿游过去的时候，我们依然可以通过微小的变化感受水流的运动。如果大气湍流使星光迅速地变换方向，就会造成我们看到的"星星眨眼"的现象。在不同的地区和天气条件下，星星受到大气湍流的影响不同，大气湍流如果严重，星星总是一闪一闪的，自然看不清楚，会影响科学家的研究。所以科学家用**视宁度**来表示星星的清晰程度。大气湍流的影响越小，视宁度越高，自然更适合天文观测。

道理听起来简单，但是科学家花了很长的时间才解开"星星眨眼"的秘密。1839年，科学家G.汉根在实验中首次观察到大气运动从规则向不规则转变。1883年，英国科学家奥斯本·雷诺通过实验发现了大气湍流，人们将这场实验命名为"雷诺实验"。许多情况都会导致湍流产生，比如高空的温度高于低空、风速在某个时间段突然变化等，表示大气湍流的运动情况的数被命名为"雷诺数"。

"眨眼"的星星也会为科学家启示天体的结构和构成。

对于地球上的东西，如果想知道它的结构，它里面包含哪些元素，可以把它送进实验室，通过显微镜来观察结构，通过专业设备来分析元素。可是，天上的星星这么多，离我们又那么远，人类至今也只登陆过月球，我们要如何知道它们的内部结构和组成元素呢？其实，关于这个问题的答案，星星一直在偷偷告诉我们，只不过就像写满密码的信件，科学家用了很长的时间才知道如何去解读。

星星会为我们送来星光，星光就是星星的"密信"。太阳光可以生成光谱，星光也可以生成光谱。科学家通过观察发现，不同星光的光谱是不一样的，他们还发现光谱中存在一些明显的亮线和暗线。原来，恒星之中有很多元素，它们处于不同的位置的时候，就会发射或者吸收一些特定的光线，形成光谱上的亮线和暗线，也就是**谱线**。于是，科学家可以通过分析这些谱线的位置、强度等信息，知道星星的结构和组成元素。

关于谱线的发现和研究，有很多科学家都做出了了不起的贡献。有一位科学家十分值得介绍。夫琅和费是19世纪的德国科学家，他通过观察星光的光谱，绘出了570条谱线，并且标识了主要的谱线，后来的科学家将这些谱线命名为"夫琅和费谱线"。可以说，谱线是人类打开恒星"密信"的"钥匙"，而夫琅和费就是那位锁匠。

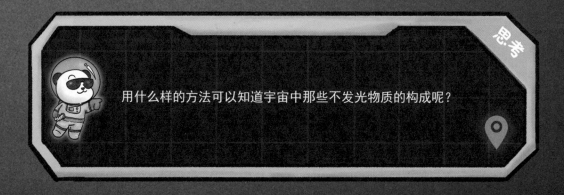

用什么样的方法可以知道宇宙中那些不发光物质的构成呢？

7.5
月亮的晚礼服：晕、华

在月光明亮、安静无风的夜晚，当你仰望夜空的时候，可能会发现月亮的"周围"围绕着一个甚至多个彩色的大光环，像是穿了一件美丽的"晚礼服"。如果光环比较清晰，还可以发现每个光环的颜色顺序并不是随意排列的，而是像彩虹一样有规律，距离月亮从近到远的颜色顺序为红、橙、黄、绿、青、蓝、紫。这是自然界中的一种光学现象，叫月晕。古人很早就通过观察发现，当出现月晕时，天气会发生变化。

月晕是怎么形成的，为什么是七彩的呢？这依然是**光的折射**效果。高空中的云是冷空气与暖湿空气相遇后形成的，里面含有很多小水滴。当温度降低时，云层中的小水滴都冻成了小冰晶，形成了无数个天然"棱镜"。月光射入悬浮在大气中的小冰晶后，就会发生折射。由于不同颜色的光，折射之后的路线不同，透过小冰晶折射出的方向也不同，这样就将不同色光分离开来，围绕在月亮的外侧。由于小冰晶的形状、位置，以及月光的明暗都不是固定不变的，所以我们能观测到的月晕大小和亮度也不是固定不变的。

好漂亮！

还有一种与月晕较为相似的现象叫**月华**，它是月光透过较低的云层中的小水滴发生衍射形成的。月华的颜色的排列顺序和月晕的相反，最外层是红色，最内层是紫色。月华比月晕更容易观测到，还可以"人工制造"呢。当你在寒冷的夜里对着窗户玻璃哈气，再透过蒙着水雾的玻璃看月亮时，视野里就会出现"月华"。同样的道理，太阳"周围"也会出现日晕和日华。

衍射和折射是光学中的基本知识，它们都是基于直线传播的光在穿过不同物体时出现的现象。光的衍射是指光在传播过程中，遇到障碍物或小孔时，偏离直线传播的路径而绕到障碍物后面传播的现象；而光的折射是指光从一种介质斜射入另一种介质时，传播方向发生改变，在不同介质的交界处发生偏折的现象。

光的衍射还证明了光具有波动性。

早在公元前的战国时期，科学家墨子就已经对光开展了研究，在他的著作《墨经》中，记录了**"小孔成像"**的光学实验并解释了原理：由于光沿直线传播的特性，当光线经过物体穿过小孔时，物体上部在下方成像，下部在上方成像，就会形成倒着的影像。墨子是全世界最早提出光能够沿直线传播的科学家。我国将全球首颗量子科学实验卫星命名为"墨子号"，以表达对他的纪念。

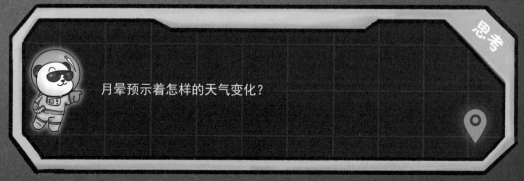

思考

月晕预示着怎样的天气变化？

7.6
曙光女神的裙摆：极光

你或许会赞美夕阳西下时金灿灿的晚霞、雨后天空中七色的彩虹。其实，天空中还有一种神奇的美景，比晚霞和彩虹还要美丽、奇妙，它是一种浮现在夜空中的彩色光带，像仙女用魔法棒挥舞出的幻影，又像定格在空中的绚丽烟花，有时很快就消失在天空中，有时却能持续变幻几个小时。不过，这种现象并不是在地球的各个地方都能看到的，只在距离南北极较近的地方才能看见，它就是**极光**。

古希腊人用曙光女神 Aurora 之名为它命名，因为它实在是超出了人们的想象，像是神话中的仙境。虽然人们很早就开始观察极光，但在 20 世纪之前，对它的形成原理还不明确。比如，意大利科学家伽利略认为极光是阳光透过地球的大气层后，颜色出现了变化；美国科学家富兰克林认为，南北极地区的大气层中有特殊的带电粒子，在海洋蒸发的水蒸气作用下发生反应，呈现出发光的效果。

到了 20 世纪，极光形成的奥秘终于被科学家揭开了，它其实是在距离地面 100 ~ 200 千米的大气层和地球磁场的大规模相互作用下形成的。极光的形成不仅需要大气层和磁场，还需要一个重要条件，它就是太阳在发光发热的过程中，喷发出来的高速带电粒子流——太阳风。

当太阳风进入地球大气层时，受地球磁场的影响进入南北极附近的高空，与大气粒子发生碰撞，释放出可见光波段的电磁波，形成漂浮在空中美不胜收的光带。所以，极光是大气层、磁场和太阳风共同作用的结果。太阳越活跃，喷发出的太阳风越强，地球上看到的极光越壮观。不仅地球上会出现极光，具备大气层、磁场和太阳风这 3 个条件的太阳系中其他的行星上也会出现极光，比如木星、火星、土星。当然，目前没有人能观赏到这种美景。

极光 = 大气 + 磁场 + 太阳风

那么极光的形成原理究竟是怎么被发现的呢？这是科学家将地面观测结果与利用卫星和火箭观测到的资料结合起来研究的结果。美国女科学家琼·费曼被誉为"照耀极光的人"，她利用美国国家航空航天局的飞船收集的数据，证明了极光的形成是地球磁场与太阳风产生的磁场相互作用的结果。

琼·费曼在研究极光的基础上，还提出了对局部空间环境中磁暴风险的计算模型，这对未来空间飞船的设计有重要意义。琼·费曼曾说过，她对宇宙的好奇，源自她小时候和哥哥一起观察极光的经历。她的哥哥理查德·费曼是著名物理学家，1965 年获得了诺贝尔物理学奖。琼·费曼将研究极光视为终生的奋斗目标，以自己的努力破除了当时社会存在的"女生不适合学科学"的偏见。

极光可以被人们造出来吗？

嗨！42 号考察员。我们了解了许多天文学知识，也认识了许多天文现象，这些现象都需要被观测和发现，而仪器（工具）是观测和发现的基础。

第8章

进化的望远镜

8.1
天上的灯塔：象限仪、六分仪

我们的飞船经历了漫长的星际之旅，但是依然可以确定方位，这是因为我们有先进的导航技术。可是在古代，想要确定自己的位置就没这么容易了。古时候人们如何在茫茫大海上定位呢？使用**象限仪和六分仪**。

象限仪又称四分仪，是一种用圆的 1/4 圆周来测量天体地平高度的仪器。地平高度就是观测者到某颗星的视线与地平面之间的夹角。这种仪器主要由象限弧及瞄准管组成。象限弧的一个直边在铅垂线方向，另一个直边在水平线方向，在圆心处放置一根瞄准管，可绕圆心在象限弧平面内转动。观测时转动象限弧，朝着天体所在方向，用瞄准管瞄准天体，就可以在瞄准管与象限弧交接处找到刻度，读取天体的**高度角**。

六分仪是在象限仪的基础上改进而成的，可用来在船只上测量天体与地平线形成的高度角，而且测量结果不受船只运动的影响。不同于象限仪把圆周分成 4 份，六分仪水平刻度盘的大小是整个圆周的 1/6，所以叫六分仪。测天体的高度角时，将地平镜对准地平线，在海洋上即水面与天空的相接线，将指标镜转向天体，使其影像反射到望远镜中与地平线重合，这样就可以在刻度盘上读出天体的高度角啦。六分仪曾经广泛应用于航海和航空领域，不过后来随着科技的发展，其在 21 世纪初逐渐被卫星定位系统取代。

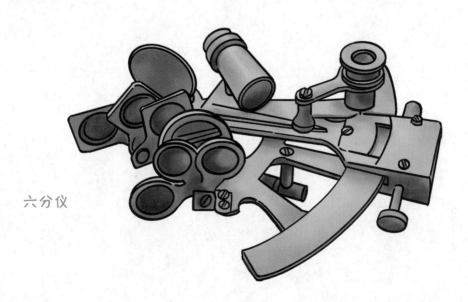

六分仪

通过六分仪，人类取得了许多成就，比如有一位叫詹姆斯·库克的船长，他是英国皇家海军军官，也是著名的航海家、探险家和优秀的制图师，他一生不畏艰险，曾3次奉命出海前往太平洋探险。1768年，库克船长开始了第一次远洋航行。这次远洋航行中，他完成了澳大利亚、新西兰地图的绘制，在后来的两次远洋航行中，库克船长最南到达了南极圈以内，最北到达了北冰洋。

应用六分仪进行观察

他的航行推动了世界科学的发展。库克船长还被认为在通过改善船员的饮食，包括增加水果和蔬菜等来预防长期航行中出现的坏血病方面也有所贡献。1769年，库克船长就是在六分仪的帮助下成功抵达塔希提岛，并观测到了金星凌日。

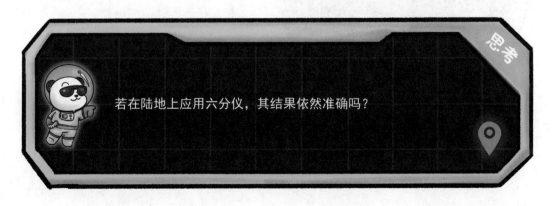

思考

若在陆地上应用六分仪，其结果依然准确吗？

当我们在地面上仰望宇宙时，会发现视野里的天空就像覆盖大地的房顶。在公元前 6 世纪左右的古希腊，人们为了便于观测星空，假想"天球"包在地球外面，太阳、月亮和无数颗星星排列在天球球面上。古希腊人认为，天球就像是外壳，带动着所有天体环绕地球运行。现在我们知道，其实并不存在天球，由于地球绕地轴自转，所以人们才会看到天体在天球表面移动。

为了满足天文观测的需要，将天球上的天体投影在平面上的模型——**"星盘"** 诞生了。它由两部分构成，一部分是用金属制成的圆盘，上面标有太阳、月亮和群星在天球中的位置。另一部分是一块有许多刻痕的板，用一根细轴固定在底盘上，可以绕着轴在底盘上转动，用来测算天体的运行位置和相对于地平线的高度。可以认为，星盘是天象仪的初级形态，它不仅可以用于**天文学研究**，还可以用于确定陆地或平静海面的**经纬度**。

踩扁的星盘

关于星盘的造型，中世纪的阿拉伯人还有一个有趣的说法，认为星盘是古希腊科学家制作的天球仪不小心掉到地上，被马一脚踩扁了才形成的。

后来，欧洲人在星盘的最外圈边沿做了 24 个标记，只需将星盘中间的指示杆与太阳在运行轨迹即"黄道"上的位置对齐，星盘就变成了 24 小时制的时钟，它的指示杆就是时钟的指针。在星盘的基础上，科学家进一步发明了立体的天球仪，以帮助人们更好地认识天体的位置。人们利用它表述天体的各种坐标、天体的视运动以及求解一些实用天文问题。一般在一个圆球面上绘有全天 88 星座、低至五等星名、主要星云和星团、中国二十八星宿及赤道、黄道、赤经圈和赤纬圈等几种天球坐标系的刻度。

看起来有点像轨道？

关于星盘的发明，其实有不同的说法。有的历史学家认为星盘是公元前 2 世纪的希腊天文学家喜帕恰斯发明的，但更普遍的观点认为，星盘的发明者是公元 4 世纪的希腊女数学家希帕蒂娅，同时代人的信件里描述了希帕蒂娅曾教人制作平面星盘的事迹。

希帕蒂娅是一位杰出的数学家、哲学家，曾对丢番图的《算术》、阿波罗尼奥斯的《圆锥曲线论》以及托勒密的著作等多部科学文献做过评注，还为许多学生讲解了天文学和数学的知识，但这位女数学家最后却不幸被暴徒残忍杀害，她的研究成果也没能流传下来。

思考

星盘和天球仪的区别是什么？

8.3 变化魔法镜：凸透镜和凹透镜

你用放大镜观察过物体吗？虽然它看上去只是一块透明的玻璃，但当你透过它看其他的东西的时候，会发现视野里的影像变大了许多，而且调整物体与放大镜的距离时，看到的影像大小也会发生变化。放大镜在物理学里叫作**"凸透镜"**，这和它的造型有关。摸一摸放大镜的表面，会发现它其实是中间较厚、边缘较薄的。考古发现的世界上最早的放大镜出土于伊拉克，是公元前 700 年的古人用一块水晶磨成的，它可以将物体的影像放大 3 倍。

放大镜不仅可以让物体的影像放大，还能够让光聚于一点，以加大亮度和提高温度，甚至可以将物体点燃。虽然在公元前 424 年古希腊人就记载了用透明的水晶聚焦太阳光可以让蜡融化的现象，中国古人也曾经用冰磨成圆盘，将其放在阳光下以聚光生火，但在相当长的时间里，古人并不知道为什么这种形状的透镜能够聚光、放大影像，而中间薄、边缘厚的镜片做不到这一点。后来，随着对光学研究的逐渐深入，人们了解到，凸透镜可以把光线汇聚在一个点上，这个点叫**"焦点"**，而通过凸透镜看的像的方向和大小、是实像还是虚像，都与焦点的位置息息相关。

那么，实像、虚像是什么意思呢？实像是物体发出的光线经过折射或反射后，重新会聚而形成的像，像你坐在电影院里看电影，无论你坐在哪里都可以看到清晰的画面，这就是实像。而虚像则是折射或反射后的光线的反向延长线形成的像，你的观察位置改变，虚像也会发生变化。这些知识涉及物理学家对光学的研究。

放大镜效果

公元 10 至 11 世纪的阿拉伯科学家伊本·海赛姆最早给出了视觉原理的正确解释，在他之前，欧洲人和阿拉伯人都信奉古希腊科学家欧几里得提出的"眼睛发光"观点。欧几里得认为，我们之所以能看到物体，是因为眼睛会射出一种特殊的光，就像奥特曼的眼睛发射光线一样，照到物体上之后眼睛接收到反射回来的光，就看见了物体。伊本·海赛姆通过实验和计算得到结论，人的眼睛看到的影像，和光从物体反射然后传递到眼睛中有关，并不是人的眼睛能够发光。他的著作《光学之书》被公认为是最早提出正确视觉理论的科学著作。

凸透镜有汇聚光线的作用，而凹透镜的作用恰恰相反。**凹透镜**中间薄、边缘厚，对光线起到发散的作用，可以让一束平行光发散开来，因此凹透镜也叫发散透镜。

眼球的结构

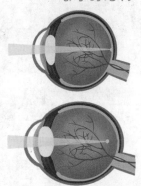

通过凹透镜看到的物体的尺寸总是比物体的真实尺寸小，所以凹透镜可用于视力的矫正，近视眼镜的镜片就是一种凹透镜。我们的眼睛像是安装了凸透镜的光线接收器，可以使光弯曲刚好落在视网膜上，我们可以将视网膜理解为投影仪的幕布。而近视的人，眼球会微微变形，使物体的成像落在视网膜的前方，也就是我们刚说的投影仪幕布的前方，这样就看不清物体了，所以想看清近处的东西必须凑得很近。

由于凹透镜对光线起发散作用，用合适的凹透镜调节光线，可以使光线以合适的角度进入眼睛，抵消近视的眼睛过度聚焦的特性，使物体成像位置后移至视网膜上。因此，当戴上近视眼镜后，近视的人又可以看到清晰的世界了。有了对于凹透镜的认识，人类对光学工具的了解就更加全面了。

德国的照相机在世界上非常有名，蔡司镜片更是名声显赫。卡尔·蔡司正是蔡司照相机的创始人，他是一名德国光学家，出生于 1816 年。他中学毕业后开始潜心对玻璃的性质，以及其选料、熔炼、烧制、切割、研磨、抛光等各工艺环节进行研究与开发。

近视眼镜的镜片是凹透镜。

卡尔·蔡司以物理学理论为基础，进行技术性的设计，创造出了很多优质产品。他于 1846 年创建了被誉为光学领域"世界第一"的卡尔·蔡司耶拿光学仪器厂。1872 年被当今光学专家称为 20 世纪复合式显微镜"样板"的显微镜在其实验室诞生。1896 年公司开发了第一只专为相机设计的普罗塔镜头，现在世界著名的相机品牌哈苏和康泰时均采用了此镜头。

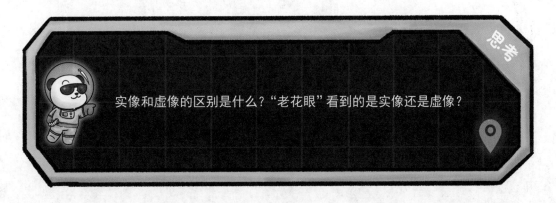

思考

实像和虚像的区别是什么？"老花眼"看到的是实像还是虚像？

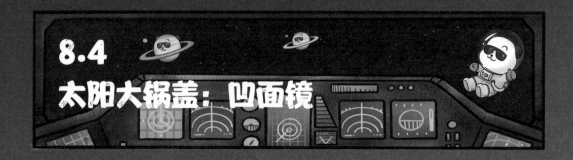

8.4
太阳大锅盖：凹面镜

在8.3节我们认识了透镜，在这一节我们要认识另一种神奇的光学设备，不过在这之前，我先讲个小故事。

传说历史上有一场战争，古罗马人进攻古希腊的某座城市，聪明的古希腊物理学家阿基米德让守城士兵利用黄铜片做成巨大的镜子，将太阳光集中反射到敌人的战船上，这些船居然烧起熊熊烈火，进犯的古罗马侵略者落荒而逃。这种镜子跟普通的平面镜可不一样，它的"脸"是凹进去的，因此被称为凹面镜或凹镜。

有兴趣的话，你也可以找一块凹面镜，把它的"脸"对着太阳，再拿一张纸放在它"脸"前的焦点处，纸上就会出现一个小亮点。仔细观察，不一会儿纸片就会被烤焦，甚至可以呼地一下烧起来。可见，凹面镜有本领将太阳的光和热聚焦到一起。

人们根据这个原理制造了一种伞形太阳灶，不过它是用很多块反光片拼起来的大凹面镜。只要让它对准阳光，并在镜前焦点处放上水壶或者锅，就可以烧水、煮饭了。

这是凹面镜 不是大铁锅

凹面镜对人类的贡献有很多，不仅体现在燃烧方面，还体现在有照明方面。因为光的路径是**可逆**的，我们既可以把平行光汇聚到一个点上，也可以把光源放在这个点上，让光经过凹面镜的反射变成平行光射出去，手电筒就是基于这样的原理制成的。手电筒里只有一个小灯泡，假使它把射出的光分散到四面八方，那么这种灯泡的用途就会很小，最多射到一两米远的地方。可如果在小灯泡后装上小小的凹面镜，手电筒的光线就可以穿过黑暗射到10米远的地方了。

汽车的头灯和探照灯也是这样构造的。在医院里，医生在看病时，头上总戴着一面亮晶晶的小圆镜，它也是凹面镜，它有本事让灯光乖乖地"钻"进病人的耳朵、鼻子里，让医生检查时看得清清楚楚。

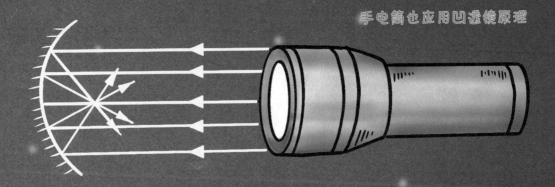

手电筒也应用凹透镜原理

阿基米德是古希腊的哲学家、科学家和数学家，他发现了杠杆原理和浮力定律，发明了能牵动大船的杠杆滑轮机构，这些都是非常了不起的成就。我们开头就讲过阿基米德利用凹面镜的原理打败侵略者的故事，尽管这个故事的真实性是存疑的，因为聚集足以烧毁战船的能量仅仅在理论上可行，在当时的客观条件下难以实现，但有趣的故事也可以让我们更加了解凹面镜的作用以及阿基米德的智慧。

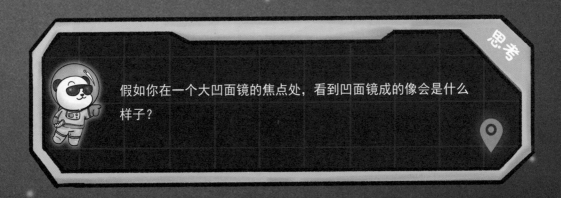

思考

假如你在一个大凹面镜的焦点处，看到凹面镜成的像会是什么样子？

8.5
折射望远镜和反射望远镜

看清深邃宇宙真实的模样，是无数人梦寐以求的事，而这要依靠天文望远镜的帮助。天文望远镜可以用来观测太阳系中的众多天体活动，还可以进一步观测更遥远的星系，并探索宇宙自诞生以来约 140 亿年的历史。现代天文望远镜虽然结构复杂，但其实它们的类型都可以归结为最基本的两种——折射望远镜和反射望远镜，**折射望远镜**尤其重要。如果把天文望远镜家族比作一棵大树，它就是这棵树的主干，在此基础上进一步衍生出了很多的分支。

世界上最早的折射望远镜主要由镜筒和两块镜片构成，其中一片距离要观测的物体较近，叫"**物镜**"，是能够会聚光线的凸透镜；另一片距离观测者的眼睛较近，叫"**目镜**"，是能够发散光线的凹透镜。折射望远镜通过汇聚和发散光线，可以把物体的影像放大。

通过这个原理，意大利天文学家伽利略在 1609 年制作出了镜筒长 1.2 米，能将目标影像放大 32 倍的折射望远镜，并用它首次发现了月球表面的陨石坑、木星的 4 颗卫星、太阳黑子等。伽利略还指出，银河系是由无数颗恒星构成的，这一观点超越了他所处的时代。在伽利略发明折射望远镜的 400 年后，2009 年被联合国定为"国际天文年"，以纪念人类科技史上这一伟大发明。

天空不再遥远

伽利略是生活在 16 世纪至 17 世纪的意大利天文学家、物理学家，其实望远镜并不是他发明的，但他是当之无愧第一个使用望远镜观测宇宙的科学家。1609 年 5 月，伽利略访问威尼斯的时候，得知一个荷兰的眼镜商制造出了一种"可以将远处物体放大的镜片"，他受到启发，依据自己对折射作用的理解，改进并做出了折射望远镜。他通过自制的望远镜发现了月球环形山、木星的卫星、土星的光环，这些发现不仅驳斥了地心说、开启了宇宙结构的新时代，更是将天文学推向了望远镜时代，从此天文学家通过天文望远镜，做出了无数震惊世界的贡献。

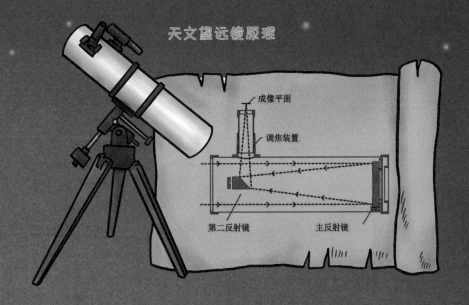

天文望远镜被发明之后，科学家却发现了一个问题。回想一下彩虹的形成原理，穿过透镜的光线会散射成不同颜色的光，而当时的天文望远镜都利用了透镜，这导致看到的天体周围会出现一些彩色的光圈，这该怎么办呢？聪明的科学家牛顿也有一样的问题，在他 25 岁的时候，他终于找到了看星星样子的方法。他发明了一种**反射望远镜**，通过这种望远镜看到遥远的星星不会发生颜色的变化。

那这种反射望远镜是怎么工作的呢？我们使用折射望远镜观察星星的时候，光都是要穿过透镜的，牛顿干脆不要透镜了，而是放一块凹面镜，这样光线会被凹面镜反射汇聚，并没有穿过透镜，所以就不会产生彩色的光圈了。现在看来，牛顿的望远镜方案还是会造成一定的误差，但是在当时，使用反射望远镜代替折射望远镜是一个巨大的进步。

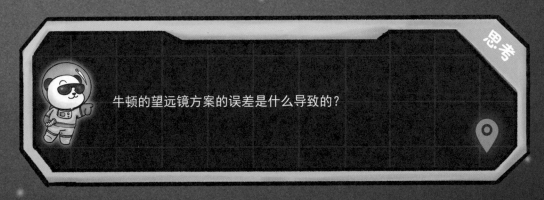

思考

牛顿的望远镜方案的误差是什么导致的？

8.6
射电望远镜

在宇宙中，有些天体能够发射出我们肉眼可见的光线，但也有些天体发出的光线并不在可见光波段内，我们用肉眼无法观察到这些天体。这时候，我们熟悉的光学望远镜就很难起作用了。而**射电望远镜**可以用来观测来自天体的射电波，测量出天体射电的各项参数，通过计算机计算，就能够准确地得到天体信息。射电望远镜的使用，让人们来到一个全新的世界，即一个不能由人的感官所感受的世界。

深山中的伟大工程

现在全世界最大的单口径射电望远镜是我国的 FAST 射电望远镜，它也是目前世界上最灵敏的单体射电望远镜。它坐落在贵州省的黔南布依族苗族自治州，从镜面的一端到另一端有 500 米那么远，整个镜面的面积相当于 30 个足球场的面积。正因为它又大又灵敏，所以被誉为"中国天眼"。FAST 项目的成功，离不开科学家南仁东先生的付出。

嗨！42 号考察员，我们的征途，是星辰大海。不过，要向宇宙深处探索，我们得有相应的知识和工具。

第 9 章

向宇宙深处探索

9.1 宇宙速度

向天空抛起一块石头，石头会落回地面，我们知道这是地球引力或者说是时空弯曲作用的结果。那么是不是在地球引力的作用下，所有的东西都会落回到地面呢？

好像不是这样的，人造卫星就不会立刻落回到地球上。这个原因在于，人们把人造卫星送到太空的过程会让人造卫星达到巨大的速度，如果物体能获得这样的速度，就不会落回地面。地球的引力只能让人造卫星的运行轨迹发生弯曲，从而使它围绕地球运转。

牛顿研究过这个问题，他做了这么一个思想实验，如果架起一门超级大炮，可以用不同的速度将炮弹水平发射出去，当炮弹的速度不是很快的时候，炮弹肯定会落回地面，炮弹的速度越快，它落地的位置就会离大炮越远。不过，我们的大地不是无尽的平面，而是一个巨大的球，那么如果炮弹的速度非常快，是不是就不会落在地面上，甚至会绕着地球转圈呢？牛顿的这个想法在科学上非常合理，后来，航天工程师发明了火箭，可以将卫星加速到很快的速度，卫星果然可以环绕地球飞行。

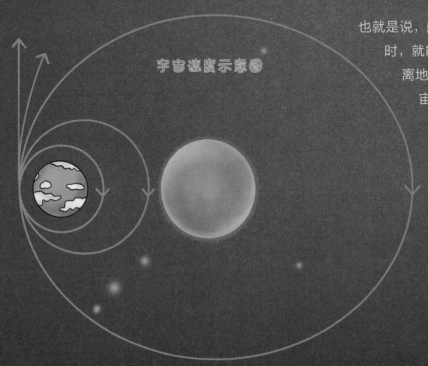

宇宙速度示意图

也就是说，航天器达到一定的速度时，就能环绕地球运动或者脱离地球的束缚飞向更远的宇宙进行星际旅行。科学家根据航天器的飞行轨迹，将航天器所需的速度分为第一宇宙速度、第二宇宙速度和第三宇宙速度。

在不考虑大气作用的情况下，我们从地面向远处发射炮弹，炮弹速度越快飞行距离越远，当其速度达到 7.9 千米 / 秒时，就不再落回地面，而是环绕地球做圆周飞行，这个速度就是第一宇宙速度。第一宇宙速度是人造地球卫星环绕地球飞行的最小速度。

当航天器的飞行速度达到 11.2 千米 / 秒时，就可以摆脱地球引力的束缚，进入环绕太阳飞行的轨道。这个脱离地球引力的最小速度称为第二宇宙速度。

当航天器的飞行速度达到 16.7 千米 / 秒时，就可以摆脱太阳引力的束缚，脱离太阳系进入更广袤的宇宙空间。这个从地球起飞脱离太阳系的最低飞行速度就是第三宇宙速度。

$$第一宇宙速度 \approx 7.9\ 千米 / 秒$$
$$第二宇宙速度 \approx 11.2\ 千米 / 秒$$
$$第三宇宙速度 \approx 16.7\ 千米 / 秒$$

牛顿是 17 世纪最伟大的科学巨匠，他的成就遍及物理学、数学、天体力学等各个领域。牛顿提出了万有引力理论，而创立了科学的天文学；进行了光的分解而创立了科学的光学；创立了二项式定理和无限理论而创立了科学的数学；认识了力的本质而创立了科学的力学。牛顿对人类的贡献如此巨大，为纪念牛顿，国际天文学联合会将 662 号小行星命名为"牛顿小行星"。

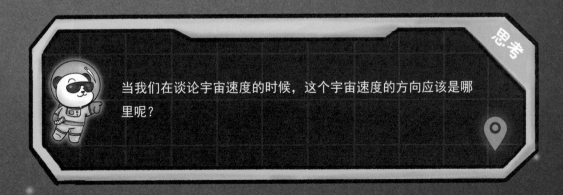

思考

当我们在谈论宇宙速度的时候，这个宇宙速度的方向应该是哪里呢？

我们自己出门的时候，可以乘坐小轿车、地铁、公交车等交通工具，而人造卫星、飞船、空间站"出门"的时候，就要乘坐**运载火箭**了。

运载火箭是一种用于实现航天飞行的运载工具，它可以将人造的各种科学仪器推向太空。科学家用运载火箭把人造卫星、载人飞船等送到预定的太空轨道。

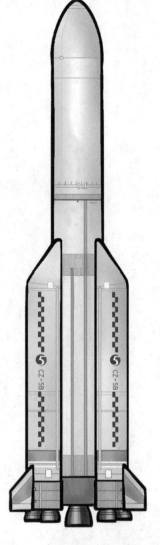

运载火箭

运载火箭看似复杂，其实原理非常简单。你一定玩过气球，想一想，如果充满气的气球的吹气口没有被扎紧，当我们松手后会发生什么？显然，气球里面的气体会被挤压出来，而气球则会向反方向飞去。这个现象的原理后来被牛顿总结为力学三大定律中的**第三定律**。简单来说，就是当一个物体给另一个物体施加一个力的时候，后者也会给前者施加一个反作用力，这两个力大小相等、方向相反。

对于充满空气的气球来说，气球收缩把内部的空气向后排出，后侧的空气也会给气球一个向前的反作用力，气球就会飞走啦！运载火箭起飞的原理也是一样的。当运载火箭的发动机点火之后，内部的燃料会被点燃，产生大量的高压气体向下喷出，地面这些气体周围的空气也会给运载火箭一个向上的反作用力，运载火箭就可以飞上天。按照燃料形态的不同，运载火箭可以分为固体运载火箭、液体运载火箭和固液混合运载火箭，但是它们起飞的原理都是一样的。

除了运载火箭，我们可以坐飞机飞向太空吗？一般的飞机还真不行，因为喷气式飞机不能在没有空气的地方飞行，而火箭却可以。

作用力的大小 = 反作用力的大小

那么，是谁最先提出火箭的设想的呢？有一位苏联航空和太空科学家叫齐奥尔科夫斯基，他于 1857 年出生在莫斯科，他的童年非常不幸，幼年因病丧失了听力，在当时的条件下不能在学校进行学习，他只有靠自学获取知识。

1903 年，他在论文《乘火箭探测宇宙》中首次提出火箭是人类飞出地球的工具，并在论文《用火箭推进飞行器探索宇宙》中提出了宇宙飞船设计原理。1929 年，72 岁高龄的他撰写出了《宇宙火箭列车》，提出了多级火箭的设想，被人们誉为"火箭之父"。

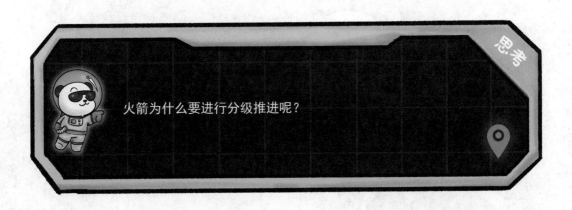

思考

火箭为什么要进行分级推进呢？

9.3 载人飞船

航天员飞向太空，乘坐运载火箭就可以了吗？这还远远不够，运载火箭可以把航天员送上去，但是不能让航天员在太空中飞行。这个时候，我们就需要载人飞船了。载人飞船也叫宇宙飞船，可谓载着航天员在地球和太空往来的"星际汽车"。运载火箭推动载人飞船进入太空后，载人飞船就会进入轨道运行。科学家在载人飞船里安设了一个"家"，航天员可以在飞船里短暂地工作和生活。

载人飞船一般由返回舱、轨道舱、服务舱、对接舱等组成。返回舱是载人飞船十分重要的部分，相当于飞机的驾驶舱，整个载人飞船的起飞、上升、进入轨道飞行和返回地面的过程都由航天员在这里进行控制。轨道舱是载人飞船的重要空间，这里安装着众多的仪器和设备，它是航天员在太空中进行科学实验、吃饭、运动、睡觉的空间。服务舱，顾名思义，是对载人飞船进行服务保障的地方，存放着载人飞船的燃料、电源等。对接舱是用来与空间站和其他航天器进行对接的部分。

载人飞船可谓航天员的"守护神"。如果空间站中有航天员在工作，那么一定会有至少一艘载人飞船与空间站对接。当遇到紧急情况时，航天员会第一时间钻进载人飞船，离开太空，返回地球。

载人飞船这辆"星际汽车"，大大拓展了人类的活动范围，实现了人类探索太空的梦想。

聊到了载人飞船，就不得不说第一个飞上太空的人——**尤里·加加林**，这位苏联航天员出生于 1934 年，16 岁就加入航空俱乐部，23 岁成为歼击机飞行员，25 岁被选拔为航天员。1961 年 4 月 12 日，通过"超级选拔"的航天员加加林乘坐"东方 1 号"载人飞船升空。苏联科学家科罗廖夫评价加加林是集"天生的勇敢、善于分析、吃苦耐劳和谦虚谨慎"于一身的人，在发射那天，所有人手心都捏着一把汗，而加加林表现得十分镇定，直到起飞前他的脉搏一直维持在每分钟 64 次左右，这令医生们都吃惊不已。

上去的人镇定，下面的人慌乱

加加林独自一人在太空遨游，看到了美丽的地球，他是身在地外观察整个地球的第一人。当时他绕地球飞行了一圈，共飞行了 40867.4 千米，飞行时长为 108 分钟，完成了轨道飞行任务。加加林不仅是苏联家喻户晓的"太空英雄"，还为人类的太空之行迈出了伟大的第一步！

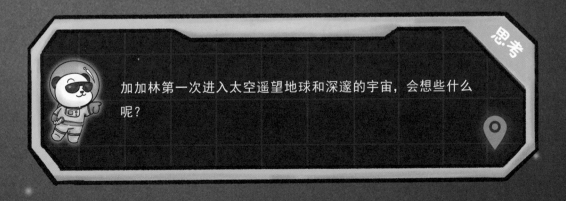

思考

加加林第一次进入太空遥望地球和深邃的宇宙，会想些什么呢？

9.4 空间探测器

人类对未知的世界总是充满好奇：好奇海底，于是发明了潜水艇；好奇天空，于是发明了飞机。眺望璀璨的星空，空间探测的发展正是源自对未知宇宙的好奇，科学家发明的**空间探测器**让人类实现了"拜访外星"的愿望。

空间探测器主要用于收集太阳系中其他天体的信息、拍摄照片，并将这些信息和照片传送回地球。空间探测器可以到达人类尚且无法到达的地方。它们通过无线电数据，将太阳系呈现在我们面前。空间探测根据距离的远近，主要分为：近地空间探测、月球和行星探测、行星际空间探测。空间探测器是一种**全自动**、**无人**的空间探测装置。空间探测器由运载火箭送入太空，飞近月球或更远的天体开展近距离观测、着陆考察，甚至采集样品等活动。

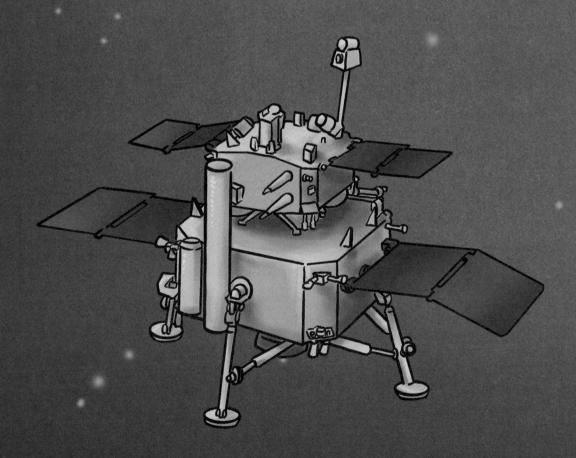

空间探测器有许多种，它们的大小和用途各不相同。每一个空间探测器都是根据它的特殊用途和目的地量身定做的。作为地球的卫星，月球是人类最早探测的地外星体。我国古代就有"嫦娥奔月"的传说，而真正意义上第一个"奔月"的是一个叫"月球号"的探测器，它完成了人类对月球的探测活动。

目前，人类只登陆过月球。

阿姆斯特朗是登月第一人，他于 1930 年出生在美国的俄亥俄州，从小就立志做一名优秀的飞行员，16 岁便取得飞行执照，在大学时学习航空知识，后来加入美国太空总署，成为一名非军职的高速飞行器试飞员。

1962 年，美国国家航空航天局开始挑选航天员，优秀的阿姆斯特朗成为美国第一批航天员。随着"阿波罗登月计划"的实施，在 1969 年 7 月 20 日，阿姆斯特朗和两名队友乘坐"阿波罗 11 号"成功飞向月球。随着登月舱缓缓落在月球表面，阿姆斯特朗成为第一个登陆月球的人，而阿姆斯特朗留在月球上的脚印，也成为航天史上最著名的印记。

第一个登上月球的人

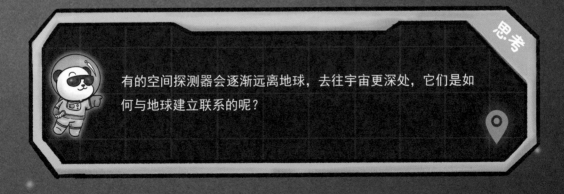

有的空间探测器会逐渐远离地球，去往宇宙更深处，它们是如何与地球建立联系的呢？

9.5 人造卫星

你知道吗？在地球的周围，除了月球，还有一群"小精灵"，也在围绕地球旋转。它们在地球左右，就像是地球的侍者一样，它们就是人造卫星。

人造卫星是人类发射到太空中的人造天体，它们可以像天然卫星那样围绕行星运动。你知道人造卫星是怎样飞入太空的吗？它们是搭载火箭飞入太空的！人造卫星被安装在火箭的头部，外面包裹着一层坚固的保护罩。人造卫星会与运载火箭一起向上飞行，到达预定位置后，它就会和运载火箭分离，自己绕轨道飞行。

太空中飞行着各种各样的人造卫星，它们发挥着不同的作用。比如，通信卫星可以向全世界转发电视节目；导航卫星可以为汽车、轮船和飞机导航，也能在我们迷路时提供帮助；气象卫星可以监测天气，向人们发出飓风预警；侦查卫星能够帮助我们更好地观测地球，它们能拍摄地球的照片，提供给我们有关污染的信息。

1957年10月4日，苏联把世界上第一颗环绕地球运行的人造卫星成功送入轨道。这颗人造卫星呈球形，重83.6千克，绕地球一周的时间是96分钟，相当于一个半小时。这颗卫星的成功发射与运行，标志着人类已经进入"太空时代"。

我国的第一颗人造卫星是 1970 年 4 月 24 日发射的"东方红一号"，卫星重 173 千克；
环绕地球一周要 114 分钟，近两个小时，它在陪伴地球的同时播放着歌曲"东方红"。它
的成功发射标志着中国进入"航天时代"。中国的"航天之父"、伟大的科学家钱学森对
此做出了巨大的贡献。

中国航天之父

钱学森出生于 1911 年，是著名的空气动力学家，"两弹一星"元勋之一，也是中国科学院
和中国工程院院士。他从小兴趣广泛，对自然科学、音乐、绘画都非常感兴趣。1929 年
钱学森考入上海交通大学，后来进入加州理工学院航空系学习。他的老师是有着"航空航
天时代的科学奇才"之称的冯·卡门教授。新中国成立之后，钱学森克服重重困难毅然回
国，发展我国的航天事业。在他的带领下，我国第一枚仿制火箭以及第一枚自行设计的中
近程火箭都成功发射。1970 年，我国第一颗人造卫星发射升空，这也让钱学森成为当之
无愧的"中国航天之父"。

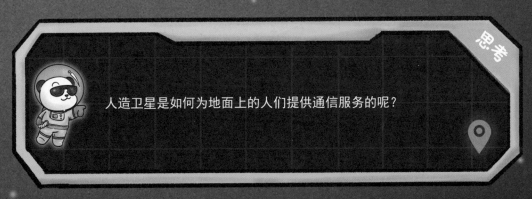

人造卫星是如何为地面上的人们提供通信服务的呢？

9.6
太空之家：空间站

有了火箭和载人飞船，人类就可以实现到太空旅行的梦想了，但是这个旅行只是短暂的，如果人们想要在太空长期停留该怎么办呢？于是"太空之家"——空间站——出现了。

空间站也叫太空站、航天站。正如它的名字，它是在太空中建设的"驿站"，是人类在太空安的"家"。这个家可以让多名航天员在这里长期生活和工作，也可以开展很多地球上不具备条件的科学实验，还可以完成探测天体等特殊的天文观测任务。空间站比一般的人造卫星和载人飞船都要大，而且有很多独立的小房间，这些小房间叫"舱"。像中国空间站（天宫空间站），就是由一个核心舱和两个实验舱组成的，不同的舱往往具备着工作、科研、生活、休息等不同的功能。

建造空间站的过程很复杂，而且每次只能发射一个舱进入太空，再进行对接和组装。因此，空间站的建成需要很多航天工作人员的长期努力。**"国际空间站"**是目前人类建造的规模最大的空间站，由美国、俄罗斯、日本等十几个国家和地区联合设计和建造，自 1998年开始，"国际空间站"的组件便被陆续送入太空，直到 2011 年才全部组装完成。

太空之家

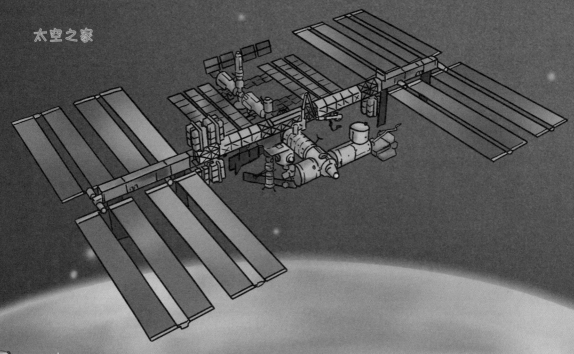

"礼炮1号"空间站是人类在太空中的第一个家，它是苏联在 1971 年发射的，标志着载人航天飞行进入了一个新阶段。而我国目前经历了 7 次发射任务、5 次载人飞船返回任务、4 次货运飞船手控对接，已经于 2022 年底全面建成"天空站"，正式步入常态化运营阶段。"天宫"未来将形成"三大舱段 + 三艘飞船"的组合体，也就是"天和"核心舱、"问天"实验舱、"梦天"实验舱、"天舟五号"货运飞船、"神舟十四号"、"神舟十五号"载人飞船同时在轨、总重超过 100 吨的空间站组合体。

"神舟十三号"飞行乘组由翟志刚、王亚平和叶光富 3 名航天员组成，翟志刚担任指令长。2021 年 10 月 16 日，3 名航天员乘坐"神舟十三号"载人飞船顺利进入太空。在"神舟十三号"任务中，航天员首次在太空驻留 6 个月，中国女航天员首次进驻中国空间站，并完成了两次出舱活动。2022 年 4 月 16 日，3 名航天员完成"太空出差"任务，成功返回地面，"神舟十三号"载人飞行任务取得圆满成功。

思考

在太空生活，如何维持人体所需的食物、水和空气供给呢？

9.7 时空旅行通道：虫洞

当你早上起床，发现自己快要迟到的时候，有没有过这样的想法：要是能从家里瞬间移动到学校该多好啊！其实，要想实现这个想法不一定需要超能力，因为**虫洞**能帮你实现。

虫洞，也叫时空洞，它就像滑梯组合里的攀爬通道，我们从一头进去再从另一头出来的时候，会发现我们换了一个地方。虫洞是宇宙中可能存在的一种连接两个不同时空的狭窄通道，通过虫洞，我们可以从一个地方瞬间移动到另一个地方。我们还可以通过虫洞进行时空旅行，回到过去或者奔向未来。

所以，如果你有一个连接家里和学校的虫洞，你就可以通过它瞬间到达学校，再也不用担心迟到了。那是谁想出了如此绝妙的点子呢？虫洞最初是由奥地利物理学家路德维西·弗拉姆提出的，后来爱因斯坦和纳森·罗森在研究时推测出通过虫洞可以进行空间转移或者时间旅行，因此虫洞也被称为**爱因斯坦-罗森桥**。

穿梭时空的旅行

不过，我必须遗憾地告诉你：迄今为止，虫洞只是科学家的一种理论猜想，他们还没有找到任何虫洞存在的证据。

爱因斯坦－罗森桥包含两位科学家的名字。其中，爱因斯坦是我们非常熟悉的科学家，那么罗森又是谁呢？纳森·罗森一直以来都对物理学有很大的兴趣，他先后取得了物理学硕士和博士学位，在学生生涯发表了许多有价值的成果。

纳森·罗森和爱因斯坦

1934 年，纳森·罗森成为爱因斯坦的助理，一直在普林斯顿高等研究院工作，在这段时间，他们合作产出了许多令人惊讶的成果。爱因斯坦和纳森·罗森发现的一种数学模型，能够连接宇宙中两个相隔遥远的区域，因此它也被称为爱因斯坦－罗森桥。虽然这只是一种科学假设，却给人们带来了巨大的启发。

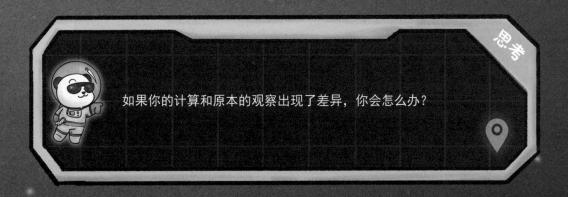

思考

如果你的计算和原本的观察出现了差异，你会怎么办？

9.8

究极能量：反物质和暗物质

你想在太空旅行吗？太空旅行中最大的问题就是能量，星际航行甚至需要更多能量。如果我们有办法储存更多的能量，就可以建造出科幻片里那种又大又快的飞船了。电影《星际迷航》中"企业号"飞船的能量源是一种很特别的物质，叫**反物质**。

我们知道，物质是由原子组成的，原子中有带正电荷的质子和带负电荷的电子。而反粒子与通常的质子、电子相比，质量和电量相等，但是电性相反，也就是说，反粒子是由带负电荷的质子和带正电荷的电子组成的。反粒子结合起来就形成反原子，而反原子又可组成反物质。科学家猜测，宇宙中的所有物质都有对应的反物质，小到反地球、反太阳，大到反星系，它们都是有可能存在的。

当反物质与物质相遇时，两者便会相互吸引、碰撞，就像冰块遇上火球一样，或者一起消失，或者一起转变为其他粒子，而且这个过程中会伴随巨大的**能量释放**。据科学家计算，如果 1 克反物质与相应的物质接触，释放的能量可以超过一枚原子弹的威力。看来反物质是"万物克星"啊！威力如此巨大的反物质可以是一种可怕的武器，也可以是能源。我们面临的挑战就是如何使用这个无形又巨大的资源。但是在地球上很难发现反物质。而在当前科技水平下，制造反物质需要的能量比反物质的潜在能量还要多，一个更好的办法可能是去收集宇宙辐射已经制造出的天然反物质。对反物质的探究是世界各国研究的热点与难点。

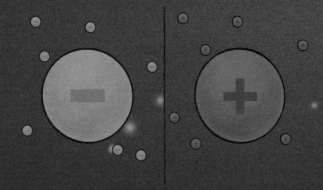

还好没有碰到一起

英国理论物理学家狄拉克曾预测了反粒子的存在——任何粒子都有与其相反的粒子。狄拉克是量子力学的奠基者之一。1926 年，还是学生的狄拉克就已经提出了一种量子力学形式。1928 年，他还将相对论引入量子力学，提出了电子的相对论性运动方程，并因此获得了 1933 年的诺贝尔物理学奖。

宇宙中还存在另一种对我们来说很特别的物质——**暗物质**。

科学家在大量的天文学观测中，发现了很多疑似违反牛顿万有引力的现象，天体的运转速度比理论上更快，按理说需要更大的引力才能让天体的运动维持稳定。1932 年，荷兰科学家扬·奥尔特在观察银河系边缘运动的恒星时，发现这些外围恒星的运动速度远远超过理论预期。他提出，银河系内存在不可见的物质，它们的引力维系着这些恒星的运动。这种不可见但又参与引力作用的物质就是暗物质。

扬·奥尔特是荷兰著名天文学家，在银河系结构和动力学、射电天文学方面做出了许多重要的贡献，被公认为"二十世纪最伟大的天文学家之一""二十世纪最重要的宇宙探索者之一"。他在读博士的时候，通过分析大量的恒星数据，建立了确定银河系自转的公式，被称作奥尔特公式。这个发现轰动了整个天文学界。

而他此后在对银河系的研究过程中，提出了银河系中存在大量暗物质的想法，成为暗物质研究的先驱之一。还有彗星的"故乡"奥尔特星云，也是奥尔特最先提出的猜想。身在银河系中的我们能够了解到包裹着银河系的银晕、银河系的旋臂结构以及其中的暗物质，都要感谢先驱奥尔特所做的贡献。

那么有没有人见过暗物质长什么样子呢？还真没有。暗物质不会反射、折射或者散射光，而且自身也并不会发光，所以在天文学中用光的手段是绝对看不到暗物质的。

尽管按照我们目前的技术手段还看不到暗物质的面貌，但是按照科学家的理论计算，目前宇宙中恒星、行星、气体、尘埃和人类这样的物质质量仅占宇宙全部质量的大约 5%，另外约 26% 都是暗物质。暗物质的质量将近为普通物质质量的 6 倍。相信在不久的未来，我们一定能揭开暗物质神秘的面纱。

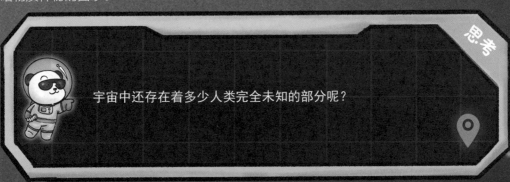

思考

宇宙中还存在着多少人类完全未知的部分呢？

嗨！42号考察员，前面我们谈到了璀璨的日月星辰，变化莫测的宇宙万象。在第10章，我们要去了解一些关于宇宙的知识。

第 10 章

必备天文理论

10.1
盖天说、浑天说

虽然现在仍有非常多的宇宙未解之谜，但是关于宇宙的探索，一直贯穿人类几千年的文化历程。今天熊猫君带你看场"宇宙擂台赛"，对决双方是中国古代历史上两种关于宇宙的学说——"盖天说"和"浑天说"。

盖天说认为，天顶中心非常高，四周渐低，像一个翻转过来的盆，日月星辰都沿着盆底移动。太阳白天横过天空，晚上从西边极远处绕回东方。至于为什么晚上看不见阳光，也许是太远的缘故。

古代人的认识和今天相去甚远

不赞成盖天说的人提出一种新的学说——浑天说。他们认为，天和地都是浑圆的，天好比蛋壳，地好比蛋黄。天包地，好像蛋壳包着蛋黄。至于为什么晚上看不见阳光，浑天派能更好地解释：太阳是绕着浑圆的地转动的，当转到地的上面时，就是白天；当转到地的下面时，就是黑夜。太阳在地面下过夜，并且从西边地面下绕到东边地面下，再从地平线上冒出来，于是天就亮了。

但盖天派对浑天说也有质疑：大地虽有高山、平原，但总体说来都是平的，因为有人旅行几万里，所见都是平地，并没有钻到地下去，怎能说地是浑圆的呢？就算地面是弧形的，海也不可能是弧形的，因为水始终保持水平状态。浑天派也不否认海是平的，他们说：地是浑圆的，但只指大陆，海是在浑圆的大地之外，充满大地的四周，直到天边。浑天派和盖天派反复辩论，各不相让。

当时著名学者桓谭和扬雄的辩论最为有趣。桓谭是浑天派，扬雄是盖天派，两人争论多次。最后扬雄说："你说得有理。我现在也相信浑天说了，跟你做徒弟吧！"当时浑天说虽还不能解释所有的疑问，但是显然比盖天说更合理。扬雄放弃盖天说，改信浑天说，不是没有道理的。

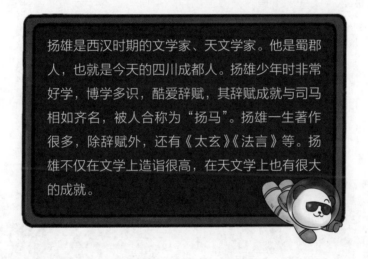

扬雄是西汉时期的文学家、天文学家。他是蜀郡人，也就是今天的四川成都人。扬雄少年时非常好学，博学多识，酷爱辞赋，其辞赋成就与司马相如齐名，被人合称为"扬马"。扬雄一生著作很多，除辞赋外，还有《太玄》《法言》等。扬雄不仅在文学上造诣很高，在天文学上也有很大的成就。

在汉代，天文学家分成对立的盖天派和浑天派两派。两派学者为了宣传自己的主张，各执一词，争论非常激烈。扬雄本来是笃信盖天说的，但多次同当时著名的浑天派代表人物桓谭进行激烈的学术争论后，成为浑天说的强烈支持者。

思考

生活中，有哪些事情让你意识到地球是圆的呢？

古时候，由于受技术手段的限制，人们对宇宙中的天体很难做出科学的解释。人们往往从直观的感觉出发，看到太阳每天东升西落，春夏秋冬依次更替，就认为地球是宇宙的中心，太阳是围绕地球转的，这就是**地心说**。

当时的欧洲人认为，宇宙和地球都是上帝创造的，地球是宇宙的中心，是人类栖息的地方。天上的太阳、月亮、水星、金星、木星、火星、土星，甚至天空中所有的星星，都在绕着地球旋转。这种宇宙观在欧洲流行了 1000 多年。

可是，天空中的行星运行的轨迹从来不是直线，它们有时候会在天空中停住不动，有时候甚至会向相反的方向"走"一段时间，这个叫作**"逆行"**的现象可真是难住了当时的天文学家。

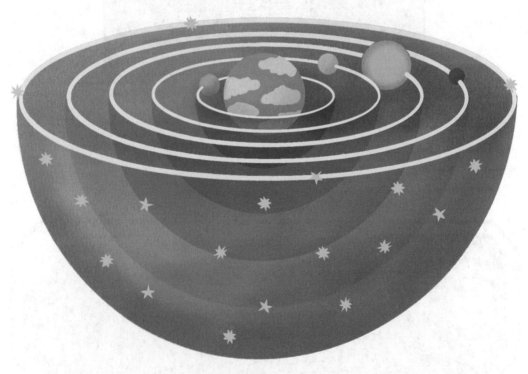

地心说大概是这个样子

后来一位伟大的"反叛者"出现了，拯救"逆行"
的任务落在了波兰天文学家哥白尼身上。哥白尼
通过长期的观测，并且综合分析前人积累的大
量资料后，提出了与地心说内容完全相反的
日心说。事实证明，日心说是正确的，不是
太阳围绕地球自东向西运动，而是地球围绕
太阳公转。

行星的逆行，不过是地球和其他行星的
速度差异带来的视觉误差。哥白尼之后
的科学家发现了行星运动的规律，日心
说最终得到了验证，人们对太阳系中
行星运动的本质才有了更深刻的认识。

哥白尼是位非常了不起的天文学家，
他是一位典型的综合型人才，了解经
典文学，通晓多国语言，还是一位优秀
的经济学家和医生。哥白尼从小就对天文
学感兴趣，他专注于行星的观测和数据收

哥白尼，一位勇敢的教士

集计算，这一坚持就是二三十年，哥白尼渐渐验证了太阳才是宇宙中心的说法，在 40 岁
时提出了日心说。他的著作《天球运行论》成为正式确立日心说的标志，完全改变了人类
对于宇宙的认识。

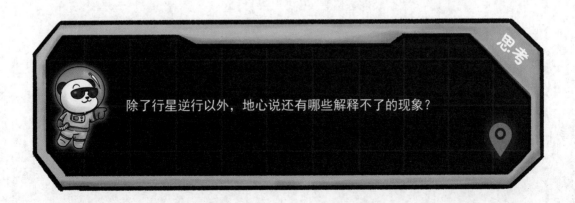

思考

除了行星逆行以外，地心说还有哪些解释不了的现象？

10.3 星系

宇宙那么大，你知道地球住在哪里吗？如果我们把恒星当作一个个宇宙居民的话，这些居民就像人类一样，会聚集在不同的城市里，宇宙中这些像城市一样的环境就是星系。

20 世纪 20 年代，一位名为爱德华·哈勃的天文学家发现银河系之外有许多恒星是成群出现的，他将它们称为"岛宇宙"，也就是现在我们说的星系。地球所在的星系名叫银河系，太阳系可不是星系，它只是银河系中的一小部分。打个比方，如果说银河系是一个城市，那么太阳系只是其中的一个区。

星系非常庞大，里面除了住着许许多多的恒星居民外，还有围绕它们旋转的行星居民。但这还不是全部，除了这些天体居民外，星系里还有一些配套的"基础设施"，比如气体和尘埃，它们就像连接各个地点的街道和小巷，可以帮助天体"塑形"。除此之外，还有一些更为神秘的东西，它们是黑暗的、未知的，天文学家因此给它们起了一个神秘的名字——暗物质。

所以星系是什么呢？星系是庞大的系统，里面充满了恒星、气体、尘埃和暗物质，这些物质在引力的作用下聚集在一起，形成了宇宙中的一个个"岛屿"、一座座"城市"。宇宙中星系的数量非常庞大，为了更好地识别它们，天文学家根据形状对星系进行了分类：漩涡星系、椭圆星系，还有看不出什么形状的不规则星系。我们的银河系就是漩涡星系。

如果有人问你地球在哪里，你可以这样回答他：地球在银河系中的太阳系里。对了，你有没有想过太阳系是如何形成的呢？

在很久以前，很多人认为，是神明在控制天体，但是一位名叫伊曼努尔·康德的德国哲学家不完全同意这样的观点，他在 1755 年出版了一部名叫《自然通史和天体论》的书，表达了自己的看法。

浩瀚的星系

他还提出了太阳系起源的星云假说，假说认为在数十亿年前，气体和尘埃组成的一个庞大云团发生了坍塌，其中大部分的物质孕育出太阳，其余部分则形成一个扁平的圆盘，继而变成行星、卫星等太阳系中的天体。这个假说为我们了解太阳系的形成提供了非常重要的帮助。

太阳系在银河系中是怎样运动的呢？

你已经知道，我们的宇宙充满了各种星系，那么这些星系又是如何分布的呢？

一切还要从星系的诞生说起。宇宙诞生之后，大量的物质弥散在宇宙当中，形成了一团一团的气体云。这些气体云越聚越多，在引力的作用下开始收缩，形成了恒星。这些恒星又因为引力的作用聚拢在一起，于是星系也出现了。星系占据了成千上万光年的空间，是宇宙中最大、最美丽的天体之一。

天文学家发现，星系并不是均匀地散落在宇宙的每一个角落，而是也会聚集成团。宇宙中的星系有的三两成群，有的则成百上千地聚集在一起。天文学家把超过 100 个星系的天体系统称为"**星系团**"。一个个星系团又聚集在一起，形成超星系团。超星系团在宇宙中的分布并不均匀。它们一个个地聚集起来，形成了更大的集合。

在宇宙中的某些地方，一个个星系团连绵不断；在其他地方，超星系团密密麻麻地聚集起来，仿佛宇宙中的帘子、墙。史隆长城就是由无数个星系组成的"巨墙"，也是目前人类所知的宇宙中的最大的天体。史隆长城远在约 10 亿光年之外，长达 13.7 亿光年左右！它还被载入了 2006 年的吉尼斯世界纪录，被称为"宇宙中最大的结构"。

史隆长城的长度约为 13.7 亿光年。

宇宙是如此神奇与广袤，每个时代都会有不同的发现。对于宇宙中最大的天体，今天给出的答案是史隆长城，未来也许还会有新的发现。

约翰·彼得·修兹劳是哈佛 - 史密松天体物理中心的天文学教授，也是国际天文学联合会的美国国家委员会创建者。他在很小的时候就对天文学和科幻小说产生了浓厚的兴趣，在加州理工学院获得天文学博士的学位之后，他开启了天文科研之路。

1986 年，修兹劳和同事一起发现，在非常大的距离范围里，星系的分布并不规则。3 年之后，修兹劳发现了一条长达 6 亿光年左右、宽达 2 亿 5000 万光年左右的结构，这是人类已知的第二大的超级结构。后来，天文学家通过发现的近 5 万个星系，绘制出了一份非常完整的 3D 宇宙地图。

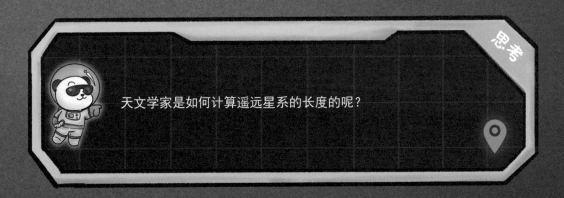

思考

天文学家是如何计算遥远星系的长度的呢？

10.5
追捕宇宙风暴：宇宙射线

1912 年，奥地利物理学家维克托·赫斯带着由自己设计、可以测量电离辐射强度的仪器坐上了热气球。随着热气球逐渐上升，他发现周围环境的辐射不但没有减弱，反而越来越强，这说明这种辐射并非来自地球或者地面上的物体，而是来自外太空。1925 年，美国物理学家密立根将这种辐射命名为"宇宙射线"，维克托·赫斯也因为发现了宇宙射线而获得了 1936 年的诺贝尔物理学奖。

自宇宙射线被发现以来，它的起源一直是个谜。科学家认为，大多数宇宙射线来自我们所处的星系，在那里它们被超新星喷出，或者像弹弓的弹珠一样从黑洞发射出来。它们可以在太空中加速，并不停地"轰炸"地球。

大多数宇宙射线在到达地球表面之前，其强度就很弱了，但其中一些最终会穿过大气层到达地球。当穿过大气层之后，大部分宇宙射线会被岩石吸收；少量辐射强度仍然很大的宇宙射线，很可能会对空中交通系统产生一定程度的影响。

宇宙射线对人的眼睛的伤害是很大的，尤其是对航天员来说，直接暴露在宇宙射线下是非常危险的。甚至有科学家认为，地球上的数次大规模生物灭绝就与宇宙射线有关。目前，科学家建造了很多宇宙射线探测器，其中阿根廷的皮埃尔－奥格天文台拥有 24 个望远镜和 1600 个探测器，它们组成了世界上最大的宇宙射线探测器。

维克托·弗朗西斯·赫斯是美国物理学家，诺贝尔物理学奖获得者。他 1905 年毕业于格拉茨大学，1910 年获得物理学博士学位。1912 年赫斯乘气球做升空实验，并因此发现了宇宙射线。然而遗憾的是，赫斯的发现并没有引起太多关注，甚至很多人都不相信他的发现。直到第一次世界大战结束后，其他科学家的后续研究才证明了赫斯的伟大发现。

后来，科学家们才逐渐知道，在遥远的外太空，一直都有源源不断的带电高能粒子向我们飞奔而来，这就是宇宙射线。构成宇宙射线的主要是质子和氦原子核，还有极少量的其他物质。根据产生机制的不同，那些形成于宇宙诞生之初、来自太阳系外的宇宙射线被称作原生宇宙射线，而原生宇宙射线与太空中的星际物质互相作用，再次产生的宇宙射线则是衍生宇宙射线。

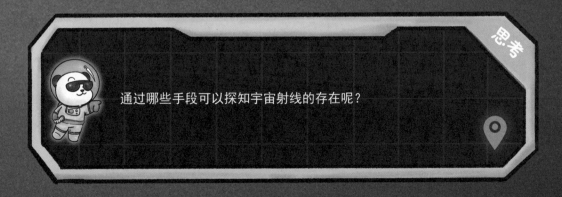

思考

通过哪些手段可以探知宇宙射线的存在呢？

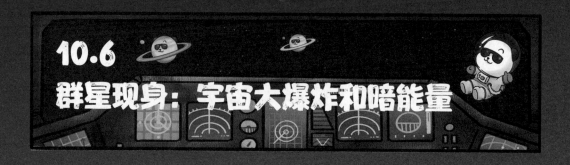

10.6 群星现身：宇宙大爆炸和暗能量

宇宙无穷无尽，没有边界，宇宙中有无数多的星球。你知道吗？很久以前，没有宇宙，更没有地球和其他星球，那么宇宙是怎么来的呢？别看宇宙现在这么大，大得没有边界，实际上它是由很小的一个"点"变来的，这个点小到我们看不见。

一个非常小的点是怎么变成这么大的宇宙的呢？现在，你想一想爆炸的样子，一颗小小的炮弹，"砰"地一声炸开了，炮弹身上的东西往周围飞去，可以飞得很远，周围很大一块地方都有炮弹的碎片。一个小小的点变成大大的宇宙的过程与这种爆炸很像。所以科学家把宇宙形成的过程称为**"大爆炸"**。

根据科学家的推测，这次大爆炸发生在大约 138 亿年以前，那个很小的点，叫**奇点**。这个点虽然小，但包含的东西非常多，现在宇宙里的所有物质都密密麻麻地挤在这个奇点里，非常严实。这个点的能量很高，温度很高。由于能量太高了，这个点实在承受不了了就爆炸了。这个爆炸的力量非常大，原来挤在一起的物质向外飞去，宇宙就这样形成了。过了一段时间，有些物质聚集在一起形成了星球，就像太阳，还有我们住的地球。慢慢地，星球越来越多，这些星球也在不断往外飞，就这样宇宙越来越大。直到现在，爆炸的过程还没停止呢！宇宙还在膨胀变大。

那么是什么为宇宙提供了动力呢？它就是我们所说的暗能量。暗能量是驱动宇宙运动的一种能量。但是，目前人类还无法直接使用现有的技术观测到暗能量，因为它并不会吸收、反射或者辐射光。

天文学家哈勃在观测过程中，发现了宇宙中的其他星系似乎都在向着距离人们生活的银河系越来越远的方向移动。如果把我们所处的宇宙当作一辆汽车，按照宇宙大爆炸的理论，在大爆炸发生之后，宇宙猛踩了一脚油门，如果后续我们不继续踩油门，车就会慢慢停下来。同样的道理，宇宙的膨胀速度会变得越来越慢，就像缓慢地踩了刹车一样。

但是，科学家的观测结果却发现遥远的星系正在以越来越快的速度离开我们，整个宇宙正在加速膨胀，而不像科学家所预测的那样减速膨胀。对此，科学家就推断，宇宙中一定存在与引力相反的能量，不断驱动宇宙加速膨胀。

哈勃是美国的著名天文学家，首次提供了宇宙膨胀实例证据，被誉为"星系天文学之父"。哈勃对20世纪的天文学做出了许多贡献，被尊为一代宗师。其中最重大者有二：一是确认星系是与银河系相当的恒星系统，

宇宙在膨胀

开创了星系天文学，建立了大尺度宇宙的新概念；二是发现了星系的红移－距离关系，促使了现代宇宙学的诞生。

为了纪念他，小行星2069、月球上的一座环形山以及世界上最大的天文望远镜均以他的名字来命名。

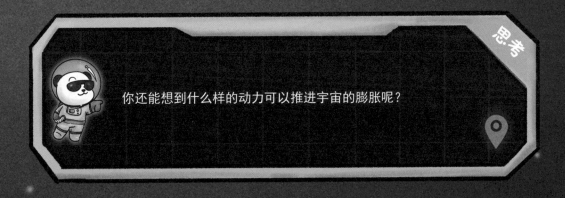

思考

你还能想到什么样的动力可以推进宇宙的膨胀呢？

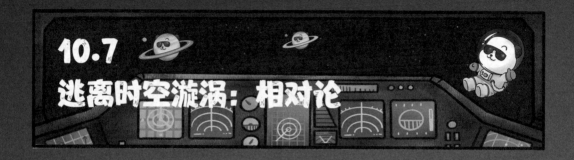

10.7 逃离时空漩涡：相对论

你或许听说过爱因斯坦的相对论，它可能是最了不起的科学理论之一，可是相对论说的是什么呢?

它的推导过程你现在大概还不能理解，不过我可以给你介绍一下它的神奇的结论。相对论分为狭义相对论和广义相对论，都是爱因斯坦提出来的。就像我们学过的数学定理都是通过基本的公理推导出来的一样，狭义相对论也是通过两个很基本的自然原理推导出来的，一个原理说的是，如果你处在静止状态或者匀速直线运动状态，也就是说你的速度没有变化，那么所有的物理定律对你来说都是一样的，也不会发生什么变化，非常合理对不对？

另一个原理则是光速是固定不变的。通过这两个原理，爱因斯坦发现，高速运动的物体，它的时间流逝居然会变慢，如果你去测量它的长度，它竟然会缩短！这就是狭义相对论神奇的"钟慢尺缩"效应，目前已经被实验证实了。狭义相对论还有一个更了不起的结论，就是公式 $E=mc^2$，即能量等于质量乘以光速再乘以光速，这意味着，一点点质量可以产生非常非常大的能量，这有可能吗？想一想原子弹和氢弹，为什么它们可以释放如此之大的能量？它们的核心原理就可以用这个公式来解释。

$$E=mc^2$$

广义相对论就更了不起了，它认为时空是可以扭曲的，我们平时感受到的重力，其实是时空扭曲给我们带来的错觉！任何有质量的物体都会扭曲它附近的时空，质量越大的物体对时空的扭曲就越厉害，而扭曲的时空会影响物体的运动，甚至连光线传播的路线也会因此而转弯。虽然这听起来非常匪夷所思，但是这些结论居然也都被天文观测和科学实验证实了！

能量巨大的核弹爆炸

难以置信，时空也会弯曲

爱因斯坦出生于 1879 年，是继伽利略、牛顿之后的世界最杰出的物理学家之一。他的治学精神是科学家中的典范。他目标专一、视野开阔、态度严谨、勇于创新。他不仅是相对论的创始人，而且是一位多学科的理论家。

爱因斯坦提出了光量子理论，发现光电效应定律，获得了 1921 年诺贝尔物理学奖。他于 1905 年创立狭义相对论，于 1915 年创立广义相对论。爱因斯坦的理论预言了光在引力场中传播的方向应该改变，这与牛顿的预测相反。1999 年 12 月 26 日，爱因斯坦被美国《时代周刊》评选为"世纪伟人"。

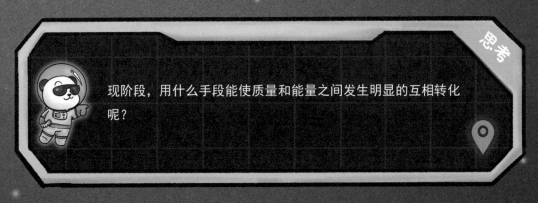

思考

现阶段，用什么手段能使质量和能量之间发生明显的互相转化呢？

10.8
外太空通知：引力波

爱因斯坦的相对论有一个非常令人震惊的预测，那就是引力波。什么是引力波呢？根据广义相对论，引力其实是质量引起的时空扭曲，引力越大，时空扭曲就越明显。而当大质量物体快速运动的时候，就会带动周围的时空发生波动，并且向外散布开来。想一想，当轮船划过海面的时候，是不是会在身后留下一圈一圈的波纹？时空也会产生这样的波纹，这就是引力波。

由于引力作用非常微弱，引力波的幅度很小，科学家长期寻找引力波，却一直没有发现。直到2016年2月，研究人员宣布，他们利用探测器于过去半年的时间里探测到来自遥远的两个黑洞合并产生的引力波信号。这证明了广义相对论是非常正确的。不仅如此，之前天文学家观察宇宙，都是通过各种望远镜收集不同波段的电磁波信号，发现引力波之后，天文学家还可以借助引力波来观察宇宙。

神秘的引力波

基普·索恩出生于 1940 年美国犹他州，他是一名理论物理学家。基普·索恩在 LIGO 探测器和引力波探测方面做出了决定性的贡献，并因此荣获诺贝尔物理学奖。他在 1962 年获得加州理工学院的学士学位，在 1965 年获得普林斯顿大学的博士学位。1967 年，索恩回到加州理工学院任副教授，3 年后晋升为理论物理学的教授。基普·索恩是加州理工学院历史上最为年轻的教授之一，是当今世界上研究广义相对论下的天体物理学领域的领导者之一。

对了，索恩还是科幻电影《星际穿越》的科学顾问呢！

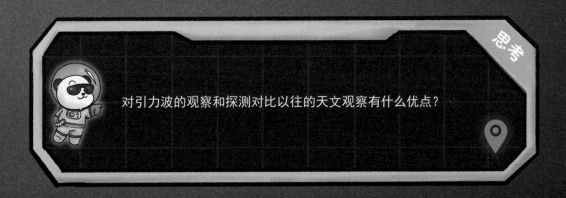

思考

对引力波的观察和探测对比以往的天文观察有什么优点？

10.9 宇宙的终结

天文学家对宇宙的起源有多种解释，其中"大爆炸"理论占了上风。那么宇宙有没有终结的一天呢？如果有，又会以何种形式终结呢？会是"砰"的一声大爆炸，还是逐渐消亡呢？

自 20 世纪 20 年代，天文学家哈勃发现宇宙正在膨胀以来，"大爆炸"理论一直没有摆脱被修改的命运。根据这一理论，科学家指出，宇宙的最终命运取决于两种相反力量长时间"拔河比赛"的结果：一种力量推动宇宙的膨胀，在过去的 100 多亿年里，宇宙的膨胀一直在使星系之间的距离变大；另一种力量则是星系和宇宙中所有其他物质之间的万有引力，它会使宇宙膨胀的速度逐渐放慢。如果万有引力足以使膨胀最终停止，宇宙注定会坍塌；如果万有引力不足以阻止宇宙的持续膨胀，它将最终变成一个漆黑的、寒冷的世界。

目前，科学家基本确定宇宙膨胀的速度并没有被引力拖慢，这意味着宇宙很可能会一直这样膨胀下去。到那时，一切物体都将会分崩离析，而且温度会降到非常低，最终陷入一片冰冷的死寂。

当然，这个时刻什么时候到来谁也不知道，可能要上万亿年甚至上亿亿年，这个时间可实在是太久了，远不值得我们现在就去考虑和担心。所以，你也不要害怕，无论也许会有它的终结，但是人类对于宇宙的探索却永远不会终结。

现在的你已经了解了许多天文学知识，熊猫君就陪你走到这里了。你的前方，还有更多的未知和挑战，希望你可以继续保持好奇心，敢于探索，用一颗求知、勇敢的心，去发现更多的宇宙奥秘。好！那我们再见啦！